유클리드가 만든 평면도형

02 유클리드가 만든 평면도형

ⓒ 김태완, 2007

초판 1쇄 발행일 | 2007년 11월 10일
초판 10쇄 발행일 | 2020년 6월 2일

지은이 | 김태완
펴낸이 | 정은영
펴낸곳 | (주)자음과모음

출판등록 | 2001년 11월 28일 제2001−000259호
주소 | 04047 서울시 마포구 양화로6길 49
전화 | 편집부 (02)324−2347, 경영지원부 (02)325−6047
팩스 | 편집부 (02)324−2348, 경영지원부 (02)2648−1311
e−mail | jamoteen@jamobook.com

ISBN 978−89−544−1644−3 (04410)

천재들이 만든

수학퍼즐

②
유클리드가 만든 평면도형

김태완(M&G 영재수학연구소) 지음

㈜자음과모음

추천사

수학에 대한 막연한 공포를 단번에
날려 버리는 획기적 수학 퍼즐 책!

추천사를 부탁받고 처음 원고를 펼쳤을 때, 저도 모르게 탄성을 질렀습니다. 언젠가 제가 한번 써 보고 싶던 내용이었기 때문입니다. 예전에 저에게도 출판사에서 비슷한 성격의 책을 써 볼 것을 권유한 적이 있었는데, 재미있겠다 싶었지만 시간이 없어서 거절해야만 했습니다.

생각해 보면 시간도 시간이지만 이렇게 많은 분량을 쓰는 것부터가 벅찬 일이었던 것 같습니다. 저는 한 권 정도의 분량이면 이와 같은 내용을 다룰 수 있을 거라 생각했는데, 이번 책의 원고를 읽어 보고 참 순진한 생각임을 알았습니다.

저는 지금까지 수학을 공부해 왔고, 또 앞으로도 계속 수학을 공부할 사람으로서, 수학이 대단히 재미있고 매력적인 학문이라 생각합니다만, 대부분의 사람들은 수학을 두려워하며 두 번 다시 보고 싶지 않은 과목으로 생각합니다. 수학이 분명 공부하기에 쉬운 과목은 아니지만, 다른 과목에 비해 '끔찍한 과목'으로 취급받는 이유가 뭘까요? 제 생각으로는 '막연한 공포' 때문이 아닐까 싶습니다.

무슨 뜻인지 알 수 없는 이상한 기호들, 한 줄 한 줄 따라가기에도 벅찰 만큼 어지럽게 쏟아져 나오는 수식들, 그리고 다른 생각을 허용하지 않는 꽉 짜여진 '모범 답안'이 수학을 공부하는 학생들을 옥죄는 요인일 것입니다.

알고 보면 수학의 각종 기호는 편의를 위한 것인데, 그 뜻을 모른 채 무작정 외우려다 보니 더욱 악순환에 빠지는 것 같습니다. 첫 단추만 잘 끼우면 수학은 결코 공포의 대상이 되지 않을 텐데 말입니다.

제 자신이 수학을 공부하고, 또 가르쳐 본 사람으로서, 이런 공포감을 줄이는 방법이 무엇일까 생각해 보곤 했습니다. 그 가운데 하나가 '친숙한 상황에서 제시되는, 호기심을 끄는 문제'가 아닐까 싶습니다. 바로 '수학 퍼즐'이라 불리는 분야입니다.

요즘은 수학 퍼즐과 관련된 책이 대단히 많이 나와 있지만, 제가《재미있는 영재들의 수학퍼즐》을 쓸 때만 해도, 시중에 일반적인 '퍼즐 책'은 많아도 '수학 퍼즐 책'은 그리 많지 않았습니다. 또 '수학 퍼즐'과 '난센스 퍼즐'이 구별되지 않은 채 마구잡이로 뒤섞인 책들도 많았습니다.

그래서 제가 책을 쓸 때 목표로 했던 것은 비교적 수준 높은 퍼즐들을 많이 소개하고 정확한 풀이를 제시하자는 것이었습니다. 목표가 다소 높았다는 생각도 듭니다만, 생각보다 많은 분들이 찾아 주어 보통 사람들이 '수학 퍼즐'을 어떻게 생각하는지 알 수 있는 좋은 기회가 되기도 했습니다.

문제와 풀이 위주의 수학 퍼즐 책이 큰 거부감 없이 '수학을 즐기는 방법'을 보여 주었다면, 그 다음 단계는 수학 퍼즐을 이용하여 '수학을 공부하는 방법'이 아닐까 싶습니다. 제가 써 보고 싶었던, 그리고 출판사에서 저에게 권유하였던 것이 바로 이것이었습니다.

수학에 대한 두려움을 없애 주면서 수학의 기초 개념들을 퍼즐을 이용해 이해할 수 있다면, 이것이야말로 수학 공부의 첫 단추를 제대로 잘 끼웠다고 할 수 있지 않을까요? 게다가 수학 퍼즐을 풀면서 느끼는 흥미는, 이해도 못한 채 잘 짜인 모범 답안을 달달 외우는 것과는 전혀 다른 즐거움을 줍니다. 이런 식으로 수학에 대한 두려움을 없앤다면 당연히 더 높은 수준의 수학을 공부할 때도 큰 도움이 될 것입니다.

그러나 이런 이해가 단편적인 데에서 그친다면 그 한계 또한 명확해질 것입니다. 다행히 이 책은 단순한 개념 이해에 그치지 않고 교과 과정과 연계하여 학습할 수 있도록 구성되어 있습니다. 이 과정에서 퍼즐을 통해 배운 개념을 더 발전적으로 이해하고 적용할 수 있어 첫 단추만이 아니라 두 번째, 세 번째 단추까지 제대로 끼울 수 있도록 편집되었습니다. 이것이 바로 이 책이 지닌 큰 장점이자 세심한 배려입니다. 그러다 보니 수학 퍼즐이 아니라 약간은 무미건조한 '진짜 수학 문제'도 없지는 않습니다. 그러나 수학을 공부하기 위해 반드시 거쳐야

하는 단계라고 생각하세요. 재미있는 퍼즐을 위한 중간 단계 정도로 생각하는 것도 괜찮을 것 같습니다.

수학을 두려워하지 말고, 이 책을 보면서 '교과서의 수학은 약간 재미없게 만든 수학 퍼즐'일 뿐이라고 생각하세요. 하나의 문제를 풀기 위해 요모조모 생각해 보고, 번뜩 떠오르는 아이디어에 스스로 감탄도 해 보고, 정답을 맞히는 쾌감도 느끼다 보면 언젠가 무미건조하고 엄격해 보이는 수학 속에 숨어 있는 아름다움을 음미하게 될 것입니다.

고등과학원 연구원

박 부 성

영재교육원에서 실제 수업을 받는 듯한
놀이식 퍼즐 학습 교과서!

《천재들이 만든 수학퍼즐》은 '우리 아이도 영재 교육을 받을 수 없을까?' 하고 고민하는 학부모들의 답답한 마음을 시원하게 풀어 줄 수학 시리즈물입니다.

이제 강남뿐 아니라 우리 주변 어디에서든 대한민국 어머니들의 불타는 교육열을 강하게 느낄 수 있습니다. TV 드라마에서 강남의 교육을 소재로 한 드라마가 등장할 정도니 말입니다.

그러나 이러한 불타는 교육열을 충족시키는 것은 그리 쉬운 일이 아닙니다. 서점에 나가 보면 유사한 스타일의 문제를 담고 있는 도서와 문제집이 다양하게 출간되어 있지만 전문가들조차 어느 책이 우리 아이에게 도움이 될 만한 좋은 책인지 구별하기가 쉽지 않습니다. 이렇게 천편일률적인 책을 읽고 공부한 아이들은 결국 판에 박힌 듯 똑같은 것만을 익히게 됩니다.

많은 학부모들이 '최근 영재 교육 열풍이라는데……' '우리 아이도 영재 교육을 받을 수 없을까?' '혹시…… 우리 아이가 영재는 아닐까?'라고 생각하면서도, '우리 아이도 가정 형편만 좋았더라면……' '우리 아이도 영재교육원에 들어갈 수만 있다면……'이라고 아쉬움을 토로하는 것이 현실입니다.

현재 우리나라 실정에서 영재 교육은 극소수의 학생만이 받을 수 있는 특권적인 교육 과정이 되어 버렸습니다. 그래서 더더욱 영재 교육에 대한 열망은 높아집니다. 특권적인 교육 과정이라고 표현했지만, 이는 부정적인 표현이 아닙니다. 대단히 중요하고 훌륭한 교육 과정이지만, 많은 학생들에게 그 기회가 돌아가기 힘들다는 단점을 지적했을 뿐입니다.

이번에 이러한 학부모들의 열망을 실현시켜 줄 수학책《천재들이 만든 수학퍼즐》이 출간되어 장안의 화제가 되고 있습니다.《천재들이 만든 수학퍼즐》은 영재 교육의 커리큘럼에서 다루는 주제를 가지고 수학의 원리와 개념을 친절하게 설명하고 있어서, 책을 읽는 동안 마치 영재교육원에서 실제로 수업을 받는 느낌을 가지게 될 것입니다.

단순한 문제 풀이가 아니라 하나의 개념을 여러 관점에서 풀 수 있는 사고력의 확장을 유도해서 다양한 사고방식과 창의력을 키워 주는 것이 이 시리즈의 장점입니다.

여기서 끝나지 않습니다.《천재들이 만든 수학퍼즐》은 제목에서 나타나듯 천재들이 만든 완성도 높은 문제 108개를 함께 다루고 있습니다. 이 문제는 초급·중급·고급 각각 36문항씩 구성되어 있는데, 하나같이 본편에서 익힌 수학적인 개념을 자기 것으로 충분히 소화할 수 있도록 엄선한 수준 높고 다양한 문제들입니다.

수학이라는 학문은 아무리 이해하기 쉽게 설명해도 스스로 풀어 보지 않으면 자기 것으로 만들 수 없습니다. 상당수 학생들이 문제를 풀어 보는 단계에서 지루함을 못 이겨 수학을 쉽게 포기해 버리곤 합니다. 하지만《천재들이 만든 수학퍼즐》은 기존 문제집과 달리 딱딱한 내용을 단순 반복하는 방식을 탈피하고, 빨리 다음 문제를 풀어 보고 싶게끔 흥미를 유발하여, 스스로 문제를 풀고 싶은 생각이 저절로 들게 합니다.

문제집이 퍼즐과 같은 형식으로 재미만 추구하다 보면 핵심 내용을 빠뜨리기 쉬운데《천재들이 만든 수학퍼즐》은 흥미를 이끌면서도 가장 중요한 원리와 개념을 빠뜨리지 않고 전달하고 있습니다. 이것이 다른 수학 도서에서는 볼 수 없는 이 시리즈만의 미덕입니다.

초등학교 5학년에서 중학교 1학년까지의 학생이 머리는 좋은데 질 좋은 사교육을 받을 기회가 없어 재능을 계발하지 못한다고 생각한다면 바로 지금 이 책을 읽어 볼 것을 권합니다.

메가스터디 엠베스트 학습전략팀장

최 남 숙

핵심 주제를 완벽히 이해시키는
주제 학습형 교재!

영재 수학 교육을 받기 위해 선발된 학생들을 만나는 자리에서, 또는 영재 수학을 가르치는 선생님들과 공부하는 자리에서 제가 생각하고 있는 수학의 개념과 원리, 그리고 수학 속에 담긴 철학에 대한 흥미로운 이야기를 소개하곤 합니다. 그럴 때면 대부분의 사람들은 흥미로운 눈빛으로 나에게 이렇게 되묻곤 합니다.

"아니, 우리가 단순히 암기해서 기계적으로 계산했던 수학 공식들 속에 그런 의미가 있었단 말이에요?"

위와 같은 질문은 그동안 수학 공부를 무의미하게 했거나, 수학 문제를 푸는 기술만을 습득하기 위해 기능공처럼 반복 훈련에만 매달렸다는 것을 의미합니다.

이 같은 반복 훈련으로 인해 초등학교 저학년 때까지는 수학을 좋아하다가도 학년이 높아질수록 수학에 싫증을 느끼게 되는 경우가 많습니다. 심지어 많은 수의 학생들이 수학을 포기한다는 어느 고등학교 수학 선생님의 말씀은 이런 현상을 반영하는 듯하여 쓸쓸한 기분마저 들게 합니다. 더군다나 학창 시절에 수학 공부를 잘해서 높은 점수를 받았던 사람들도 사회에 나와서는 그렇게 어려운 수학을 왜 배웠는지 모르겠다고 말하는 것을 들을 때면 씁쓸했던 기분은 좌절 감으로 변해 버리곤 합니다.

수학의 역사를 살펴보면, 수학은 인간의 생활에서 절실히 필요했기 때문에 탄생했고, 이것이 발전하여 우리의 생활과 문화가 더욱 윤택해진 것을 알 수 있습니다. 그런데 왜 현재의 수학은 실생활과는 별로 상관없는 학문으로 변질되었을까요?

교과서에서 배우는 수학은 $\frac{1}{2} \div \frac{2}{3} = \frac{1}{2} \times \frac{3}{2} = \frac{3}{4}$ 의 수학 문제에서 '정답은 얼마입니까?'에 초점을 맞추고, 답이 맞았는지 틀렸는지에만 관심을 둡니다.

그러나 우리가 초점을 맞추어야 할 부분은 분수의 나눗셈에서 나누는 수를 왜 역수로 곱하는지에 대한 것들입니다. 학생들은 선생님들이 가르쳐 주는 과정을 단순히 받아들이기보다는 끊임없이 궁금증을 가져야 하고, 선생님은 학생들의 질문에 그들이 충분히 이해할 수 있도록 설명해야 할 의무가 있습니다. 그러기 위해서는 수학의 유형별 풀이 방법보다는 원리와 개념에 더 많은 주의를 기울여야 하고, 또한 이를 바탕으로 문제 해결력을 기르기 위해 노력해야 할 것입니다.

앞으로 전개될 영재 수학의 내용은 수학의 한 주제에 대한 주제 학습이 주류를 이룰 것이며, 이것이 올바른 방향이라고 생각합니다. 따라서 이 책도 하나의 학습 주제를 완벽하게 이해할 수 있도록 주제 학습형 교재로 설계하였습니다.

끝으로 이 책을 출간할 수 있도록 배려하고 격려해 주신 (주)자음과 모음 강병철 사장님께 감사드리고, 박정수 씨와 편집부 여러분들께도 감사드립니다.

2007년 10월 M&G영재수학연구소
홍 선 호

차 례

A 주제 설정의 취지 및 장점

기하학의 역사는 수학의 역사와 함께 시작되었다고 해도 과언이 아닙니다. 고대 이집트인들은 수많은 기하학적 아이디어를 생활 속에서 응용함으로써 인류 역사에 위대한 공헌을 했습니다. 또한 우리가 익히 들어온 탈레스나 아르키메데스 같은 위대한 수학자들의 끊임없는 연구도 수학 발전에 크게 기여했습니다.

이처럼 사람들은 창조적 지식을 바탕으로 수학의 엄청난 가치를 깨닫게 되었고, 이를 더욱 발전시키기 위해 노력해 왔습니다. 그리스 시대에는 수학 자체를 탐구 대상으로 여겨 기하학을 논리적으로 따져 보고 증명하는 논증 수학이 발달했는데, 이는 수학이라는 학문 형성에 엄청난 영향을 끼쳤습니다. 측량술이나 건축물, 심지어는 예술품에 이르기까지 인류가 발전시킨 다양한 학문과 문화 속에는 기하학적 아이디어가 구석구석 스며들어 있습니다. 예를 들어, 우리가 사는 집은 직육면체 모양이고, 자동차가 달리는 도로는 여러 선이 평행

이나 수직 같은 다양한 각을 이루며 만납니다. 이처럼 우리는 기하학
적 사고를 바탕으로 모든 사물을 이해할 수 있습니다.

우리가 살아가는 공간에 내재해 있는 기하학적 원리를 올바로 바
라보는 안목을 키우고 이를 바탕으로 창조적인 세계를 만들어 가기
위해서는, 도형의 요소를 제대로 이해하고 그 속에 숨어 있는 원리를
파악하는 과정이 무엇보다도 중요합니다. 또한 인류 조상들의 기하
학적 아이디어와 업적을 살펴봄으로써 우리의 삶을 보다 편리하게
할 창조적 사고를 기를 수 있습니다.

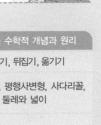

B 교과 과정과의 연계

	학년	단원	연계되는 수학적 개념과 원리
초등학교	5-가	무늬 만들기	• 도형 돌리기, 뒤집기, 옮기기
	5-가	평면도형의 둘레와 넓이	• 직사각형, 평행사변형, 사다리꼴, 마름모의 둘레와 넓이
	5-나	도형의 합동 도형의 대칭	• 선대칭도형, 점대칭도형
	6-가	비와 비율	• 비율, 비의 값 • 비례식
중학교	7-나	도형의 기초	• 맞꼭지각, 동위각, 엇각 • 수선, 선분의 수직이등분선 작도 • 평행선, 각의 이등분선 작도
	7-나	도형의 성질 도형의 측정	• 다각형의 내각과 외각 • 정다각형의 한 내각의 크기
	9-나	피타고라스의 정리	• 직각삼각형의 빗변의 길이

1. 테셀레이션의 원리를 통해 평면 공간을 다양한 모양으로 빈틈 없이 채울 수 있습니다.

2. 선대칭도형과 점대칭도형의 원리를 통해 사물 속에 숨어 있는 원리를 알 수 있습니다.

3. 비와 비율의 개념을 통해 건물의 높이를 잴 수 있습니다.

4. 원의 성질을 이용하여 평행선, 수선, 선분의 수직이등분선을 작도할 수 있습니다.

5. 눈금 없는 자와 컴퍼스를 이용하여 정다각형을 작도할 수 있 습니다.

6. 정다각형의 대각선을 이용하여 내각의 합과 한 내각의 크기를 알 수 있습니다.

7. 기하판을 활용하여 다각형의 둘레와 내부에 있는 점의 개수를 이용하여 넓이를 알 수 있습니다.

8. 도형을 변환시키는 조작 활동을 통해 기하 학습에 흥미를 가 질 수 있습니다.

D 각 교시별 소개되는 수학적 내용

1교시_ 기하학의 역사적 발생을 찾아서

고대 이집트 시대에 기하학이 탄생하게 된 배경을 알아보고, 그리스 수학자들이 기하학을 발전시키는 과정에서 어떠한 내용들이 다루어 졌는지, 또 그 특징은 무엇인지에 대해 알아봅니다. 또한 그리스 수학 자들의 업적이 오늘날 어떤 영향을 미치고 있는지 알려 줍니다.

2교시_ 그리스인들의 기하학 탐구

그리스 수학자 탈레스Thales가 피라미드의 높이를 구하기 위해 이등변 삼각형의 닮은꼴 성질을 이용한 예와, 닮은꼴을 이용하여 바닷가에 떠 있는 배까지의 거리를 구한 일화, 그리고 피타고라스가 직각삼각형의 빗 변의 길이를 구하는 방법을 찾아가는 일화 등을 바탕으로 그들이 발명한 수학적 사실을 알아봅니다. 또한 수학이 어떻게 실용적인 학문에서 논증 적인 학문으로 발전했는지를 그들의 업적과 관련하여 탐구해 봅니다.

3교시_ 대각선을 이용한 다각형의 내각과 외각 탐구

다각형의 대각선을 이용하여 다각형의 내각의 합과 외각의 크기를 알아보는 과정을 통해, 정다각형의 한 내각의 크기와 외각의 크기를 탐구합니다. 또한 그 속에 숨어 있는 규칙을 발견하여 모든 정다각형의 한 내각과 외각의 크기를 알 수 있는 법칙을 깨닫습니다.

4교시_ 자와 컴퍼스를 이용한 그리스 수학 탐구

그리스 시대의 논증기하학, 다시 말해서 기하학적 사실을 논리적 과정을 통해 증명하는 형태의 수학적 업적을 유클리드의 《기하학원론》을 통해 살펴봅니다. 특히 눈금 없는 자와 컴퍼스를 이용하여 90°의 삼등분선, 선분의 수직이등분선, 평행선, 각의 이등분선을 작도하는 법을 익힘으로써 기하학의 기본 요소에 대해 좀 더 논리적으로 다룰 수 있도록 해 줍니다.

5교시_ 자와 컴퍼스를 이용한 정다각형 작도 탐구

앞에서 도형의 기본 요소인 선과 각을 중심으로 하는 작도를 배웠다면, 이번에는 모든 변의 길이와 각의 크기가 같은 정다각형을 작도합니다. 정다각형의 성질을 바탕으로 원을 이용하여 정삼각형, 정사각형, 정육각형, 정오각형을 작도하는 과정을 통해 정다각형이 되는 이유를 논리적으로 증명하는 법을 익힙니다. 또한 이를 바탕으로 정팔각형, 정십각형 등 작도가 가능한 정다각형을 발견하게 됩니다.

6교시_ 테셀레이션Tessellation을 이용한 창의적인 무늬 탐구

어떠한 틈이나 포개짐 없이 평면이나 공간을 도형으로 완벽하게 덮고

있는 무늬를 통해 테셀레이션의 원
리를 배웁니다. 또한 이슬람 융단,
퀼트, 전통 문양 같은 여러 나라의
다양한 문화 속에 숨겨진 테셀레이
션의 원리를 파악하고, 반복되는 기본 모
양을 찾아봅니다. 그리고 테셀레이션의 원
리를 소재로 다양한 작품 활동을 선보인 네
덜란드 미술가 에셔Escher의 작품을 통해 테
셀레이션의 수학적, 예술적 가치를 깨닫습니다.

7교시_ 테셀레이션의 활용 실례 탐구

수학의 기본도형 중에서 테셀레이션이 가능한 정다각형은 무엇인지
그 원리를 탐구합니다. 이 과정을 통해 정다각형의 한 점을 중심으로
빈틈없이 붙여 나갈 때, 모든 각의 합이 한 점을 중심으로 $360°$가 되
어야 한다는 사실을 발견할 수 있습니다. 또한 모양이 서로 다른 정
다각형을 통해 테셀레이션의 다양한 원리를 구분해 살펴보고, 다각
형의 테셀레이션이 가능한 경우와 그 원리를 탐구해 봅니다.

8교시_ 테셀레이션으로 다양한 도형 변환하기

테셀레이션 작품과 생활 속 사례들을 살펴보고, 테셀레이션의 기본

이 되는 '단위 모양'을 찾아 평행이동, 회전이동, 대칭이동 같은 다양한 수학적 변환을 통해 하나의 완성된 작품이 되는 과정을 탐구합니다. 그리고 삼각형과 사각형 같은 기본도형을 바탕으로 테셀레이션이 완성되는 과정을 탐구하며, 테셀레이션이 완성되는 과정에 숨어 있는 수학적 원리를 깨닫습니다.

9교시_ 도형의 대칭 탐구

생명체 가운데에서 대칭을 이루는 경우를 찾아보고, 그 속에 어떤 수학적 원리가 숨어 있는지 탐구합니다. 그리고 사람들이 만든 여러 가지 문화재와 각 나라의 국기 모양, 수학 시간에 배우는 기본도형을 관찰하여 그 속에 선대칭도형과 점대칭도형의 원리가 적용되었는지 알아봅니다. 또한 인간이 만든 언어나 숫자 같은 기호 속에도 수많은 대칭의 원리가 숨어 있음을 탐구합니다.

10교시_ 기하판Geoboard을 활용한 다각형의 둘레와 넓이 탐구

기하판를 활용하여 다각형의 둘레와 넓이를 탐구합니다. 특히 cm^2, m^2처럼 기존에 알고 있던 단위를 이용하여 넓이를 구하는 것이 아니라, 기하판에서 다각형의 둘레와 내부에 점이 몇 개 존재하는지에 따른 다양한 다각형을 만들어 봅니다. 또한, 넓이와의 관계를 탐구하는 과정을 통해 위대한 수학적 발견을 경험하게 됩니다.

E-1. 《유클리드가 만든 평면도형》의 활용

1. 기하학의 역사적 발생을 공부할 때 고대 이집트나 그리스 역사책, 로마 이야기 등을 다룬 책을 함께 읽으면 수학의 역사를 한눈에 파악하는 데 도움이 됩니다.

2. 눈금 없는 자와 컴퍼스를 이용하여 수선이나 각의 이등분선, 그리고 정다각형을 작도할 때는 반드시 직접 해 보는 것이 중요합니다.

3. 정다각형의 내각의 크기와 외각의 크기를 구할 때에는 공식을 사용하는 것보다 여러 정다각형의 경우를 통해 일정한 규칙을 발견하는 것이 중요합니다.

4. 테셀레이션의 원리를 이용하여 작품을 만들거나 테셀레이션의 단위 모양을 찾을 때에는 정답이 하나라는 생각을 버리고 다양한 창의성이 묻어나는 열린 사고를 존중하는 것이 좋습니다.

5. 도형의 대칭을 탐구할 때에는 대칭축이나 대칭점을 찾는 것도 중요하지만, 왜 그러한 원리가 적용되는지 이해하는 것이 중요합니다.

6. 기하판을 이용해 다각형의 넓이와 둘레 위에 있는 점의 개

수의 관계를 알아볼 때와 픽Pick의 공식을 발견할 때는, 기하판 위에 다양한 형태의 다각형을 만들어 보는 것이 중요합니다.

E-2. 《유클리드가 만든 평면도형-익히기》의 활용

1. 난이도에 따라 초급, 중급, 고급으로 나누었습니다. 따라서 '초급→중급→고급' 순으로 문제를 해결하는 것이 좋습니다.

2. 교시별로, 예를 들어 2교시 문제의 '초급 → 중급 → 고급' 문제 순으로 해결해도 좋습니다.

3. 문제를 해결하다 어려움에 부딪히면, 문제 상단부에 표시된 교시의 '학습 목표'로 돌아가 기본 개념을 충분히 이해한 후 다시 해결하는 것이 바람직합니다.

4. 문제가 쉽게 해결되지 않는다고 해서 바로 해답을 확인하는 것은 사고력을 키우는 데 도움이 되지 않습니다.

5. 친구들이나 선생님, 그리고 부모님과 문제에 대해 토론해 보는 것도 아주 좋은 방법입니다.

6. 한 가지 방법으로만 문제를 해결하기보다는 다양한 방법으로 여러 번 풀어 보는 것이 좋습니다.

1 교시

기하학의 역사적 발생을 찾아서

1교시 학습 목표

1. 고대 이집트에서 기하학이 어떻게 발생했는지 알 수 있습니다.

2. 그리스 수학자들이 어떻게 수학을 발전시켰는지 알 수 있습니다.

3. 오늘날 평면도형에서 다루어지는 수학적 탐구 대상에는 어떤 것
   들이 있는지 알 수 있습니다.

미리 알면 좋아요

1. 이집트 문명과 수학 나일강 유역에서 발생한 이집트 문명이 어떠
   한 모습으로 발전하였는지 알 수 있습니다. 특히 이집트인들에게
   수학이란 일상생활에 필요한 측량에서 출발한 생활의 도구였음을
   알게 됩니다.

2. 그리스 수학 그리스 수학은 이집트의 실용적 측면과는 달리 주로
   기하학을 수학적으로 엄밀하게 증명하고 논리적으로 탐구하는 것
   에 많은 관심을 두었습니다. 이를 통해 실로 엄
   청난 수학의 발전을 이룩하게 됩니다.

도형의 역사는 한마디로 기하학의 역사라고 할 수 있습니다.

BC 3000년경, 인류 문명의 4대 발상지 중 한 곳인 나일강을 중심으로 세워진 이집트는 해마다 홍수로 인해 나일강의 범람을 겪게 되었습니다. 이 때문에 나일강 주변의 평야지대에서는 토지의 구분이 없어져 농사를 짓고 살던 사람들은 자신들의 땅을 찾을 수 없게 되었습니다. 그리하여 이곳

에선 수많은 분쟁이 일어나곤 했답니다. 그래서 이집트인들은 나일강의 범람 후에도 자신의 경작지를 구분할 수 있는 토지 측량 기술을 발달시키게 되었는데, 이것이 오늘날 기하학의 기초가 되었습니다.

수학에서 기하학을 한마디로 말한다면 도형의 성질을 논

롤루 랄라~

우리 마을은 이번 물난리로 경작지가 모두 쓸려 내려가 서로 자기 땅이라며 싸우는데 여긴 아주 조용하네요.

예전엔 싸웠지만 이젠 안 싸운다네.

어째서죠?

얼마 전부터 정확하게 경작지를 측량했기 때문이라네.

측량이요?

척!

이런 일에 대비해 어디까지가 내 땅이고 어디까지가 남의 땅인지 정확하게 면적을 구하는 방법을 썼지.

우리 마을도 이젠 경작지를 측량해야겠네요.

후 다 다

공식이 꽤 어려울 텐데….

리적으로 밝혀 보는 것입니다. 즉, 평면 위에 그려진 점, 선, 면 등의 평면도형과 직육면체, 원기둥, 원뿔 같은 입체도형을 탐구하는 학문입니다.

이처럼 이집트인들은 그들의 필요에 의해 수학을 발전시켜 나갔는데, 이는 영어의 어원에도 잘 나타난답니다. **기하학**은 영어로 geometry라고 하는데, geo는 '토지', metry는 '측량하다'라는 뜻입니다.

이와 같은 역사적 기록의 증거는 '파피루스'에서 발견되었습니다. 파피루스는 나일강 주변에서 자라는 갈대와 비슷한 풀인데, 이집트인들은 이것을 오늘날의 종이와 같이 만들어 사용했습니다. BC 1650년경 사원의 서기인 아메스가 쓴 《아메스 파피루스》발견자의 이름을 따서 린드 파피루스라고도 한다에는 이집트인들의 농토 면적 계산 방법, 분수 계산 방법과 같은 당시의 수학이 기록되어 있습니다.

그 책에는 원의 넓이에 관한 기록이 꽤 정확하게 나타나 있고, 피라미드의 부피를 정확히 계산하여 기록해 두었으며, 분수의 계산 및 응용, 경지 면적, 곡식 창고의 용량 등에

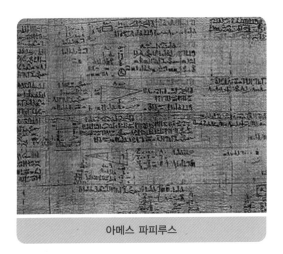

아메스 파피루스

관한 문제를 풀이해 놓았습니다. 또 모든 다각형의 기본이
되는 삼각형의 넓이를 오늘날과 같이 밑변×높이÷2로 구
하고 있습니다.

　이처럼 이집트 사람들에게 수학이란 일상생활에 필요한
측량에서 출발한 하나의 생활 도구였던 것입니다.

　비슷한 시기에 그리스 수학자들은 바다 건너 이집트에서
실용적인 기하학을 배우고 돌아와 그들의 문화를 받아들여
새로운 수학 문명의 한 시기를 형성하였습니다. 그들의 수
학은 이집트의 실용적인 측면보다는 주로 기하학을 수학적

으로 엄밀하게 증명하고 논리적으로 탐구하는 것에 많은 관심을 두었으며, 이를 통해 실로 엄청난 수학의 발전을 이룩하게 됩니다. 대표적인 수학자로는 탈레스와 피타고라스, 플라톤 등이 있습니다.

특히, 최초의 수학자 탈레스Thales, BC 624~546는 이집트로 건너가 이집트인들이 발명한 수학을 배워 이를 정리하고 발전시켰습니다. 또한 합리적이고 논리적으로 따져 보고 수학적으로 증명하는 것에 매우 많은 관심을 갖고 있던 탈레스는 역시적으로도 많은 업적을 이루었습니다.

한 예로, 피라미드의 높이를 이등변삼각형의 닮은꼴 원리를 이용하여 측정했다든가, 바다 위 적군의 배까지의 거리를 합동의 원리를 통해 측정했던 사실은 탈레스가 그리스 최초의 수학자로서 이집트 수학보다 더 큰 수학적 발전을 이루어 냈음을 증명해 줍니다.

그 이후로도 그리스의 기하학은 아르키메데스, 유클리드 같은 훌륭한 수학자에 의해 계승 발전되었습니다. 이들이 이룩한 업적은 오늘날까지 많은 영향을 미치고 있으며, 수학 교과서에서도 여전히 중요하게 다뤄지고 있습니다. 특히, 아르키메데스Archimedes, BC 287~212는 당시 수학자인 동시에 물리학자였으며, 자신이 이룩한 여러 가지 수학적 업적을 광범위한 실용 문제에 응용했습니다.

그가 목욕탕에서 순금의 무게에 관한 발견을 하고 '유레카!'라고 소리치며 나체로 거리를 달렸다는 일화는 매우 유명합니다. 또한 아르키메데스는 원의 넓이와 구의 부피에 대해 수많은 연구를 거듭하며 많은 성과를 남겨, 그의 수학적 업적은 지금도 높이 평가받고 있습니다.

이보다 조금 앞선 시기의 수학자 유클리드Euclid, BC 330~275는 당시 그리스 기하학을 집대성해 《기하학원론》을 집필했습니다. 이 책은 그리스 수학을 논리적으로 정리하여 체계화한 것으로서, 유럽에서는 19세기 말까지 교과서로 쓰였습니다.

《기하학원론》은 공리公理에서 출발하여 정리定理를 차례로 증명하고 체계화하는 오늘날의 수학 형식을 이미 BC 3세기경에 보여 준 획기적 이론입니다. 제1권에서 제4권까지

는 평면기하학平面幾何學, 제5권은 비례론比例論, 제6권은 닮은꼴 기하학, 제7권에서 제9권까지는 산술算術, 제10권은 무리수無理數, 제11권에서 제13권까지는 입체기하학立體幾何學과 정다면체正多面體에 관한 문제를 다루고 있습니다.

이렇듯 13권 중 8권이 기하학에 관한 내용인 것으로 보아, 그리스 수학이 기하학을 주로 다루고 있다는 것을 알 수 있습니다.

또한 오늘날까지도 엄청난 영향력을 미치는 것으로 보아, 그리스 수학이 기하학의 역사에 끼친 영향은 헤아릴 수 없을 정도로 크다는 것도 알 수 있습니다.

이후에도 기하학은 그리스 수학을 바탕으로 지속적인 발전을 이루어 왔으며, 수학의 암흑기라는 중세를 거쳐 오늘날에 이르기까지 수많은 탐구와 논증의 대상으로 자리 잡아 왔습니다.

특히 오늘날에는 컴퓨터의 등장으로 좀 더 복잡하고 다양한 형태의 그래픽이나 도형 형태를 탐구할 수 있게 되었으며, 대칭이나 합동 같은 도형 속에 숨어 있는 다양한 수학적 원리를 이용하여 실제 생활에 적용할 뿐만 아니라, 미술 및 산업 전반에도 많이 활용되고 있습니다.

여러분은 이 책을 통해 기하학의 역사적 발생과 더불어 평면도형과 관련된 이집트와 그리스 수학자들의 여러 가지 발견과 발명의 법칙을 탐구할 것입니다.

그리고 이와 같은 평면도형의 특성과 성질을 이용한 테셀레이션의 탐구를 통해 우리 생활 주변에서 사용되는 갖가지 평면도형에 관한 요소들을 탐구할 것입니다.

마지막으로 일정한 짐의 간격으로 둘러싸인 기하판 속에 나타나는 다각형의 둘레와 넓이를 수학적으로 발견해 보는 활동을 통해, 마치 자신이 수학자가 된 것처럼 평면도형 속에 들어 있는 규칙들을 저절로 발견하게 될 것입니다.

꼭 알아둡시다

1. **탈레스(BC 640~546)** 그리스에서 이집트로 건너가 이집트인들이 발명한 수학을 많이 배우고 이를 정리 발전시켰으며, 합리적이고 논리적으로 따져 보며 수학적으로 증명하는 것에 많은 관심을 갖고 있던 그는 수많은 역사적 업적을 이루어 낸 그리스 최초의 수학자입니다.

2. **아르키메데스(BC 287~212)** 목욕탕에서 순금의 무게에 관한 발견을 하고는 '유레카!' 라고 소리치며 나체로 시가를 달렸다는 일화는 유명합니다. 또한 원의 넓이와 구의 부피에 대해 수많은 연구를 거듭하며 많은 성과를 남겨, 그의 수학적 업적은 높이 평가받고 있습니다.

3. **유클리드(BC 330~275)** 그리스 기하학을 집대성한 그의 작품 《기하학원론》은 역사상 처음으로 그리스 수학을 논리적으로 정리하여 체계화한 것으로서, 유럽에서는 19세기 말까지 교과서로 쓰였습니다.

아주 먼 옛날 사람들은

헤아리고자 하는 대상에

돌멩이를 하나씩 짝지어 모아 두었다가

필요할 때 다시 짝지어 봄으로써 수의 개념을 모르고도

대상의 개수를 헤아릴 수 있었습니다.

교시

그리스인들의 기하학 탐구

2

2교시 학습 목표

1. 비례 관계를 이용하여 피라미드의 높이를 구할 수 있습니다.

2. 탈레스의 업적을 되짚어 보고, 수학적으로 엄밀한 증명을 할 수 있습니다.

미리 알면 좋아요

1. **탈레스(BC 624~546)** 이집트로 건너가 이집트인들이 발명한 수학을 정리하고 발전시켰으며, 이집트인들이 일상생활에서 활용하는 수학을 더욱 합리적이고 논리적으로 따져 보는 것에 매우 많은 관심을 가졌습니다. 그는 끊임없이 '왜 이렇게 되지?' 혹은 '이렇게 되는 이유가 뭘까?' 라고 생각하고자 노력했습니다.

2. **피타고라스(BC 582~496)** 그리스의 수학자이자 철학자로, 당시 그리스인들의 정신적 지주로 추앙받았던 인물입니다. 그는 제자들과 함께 피타고라스학파를 세워 수학을 중심으로 다양한 수학적 법칙을 발견하였으며, 수많은 증명을 통해 후세 수학자들과 수학을 배우는 학생들에게 많은 영향을 끼쳤습니다.

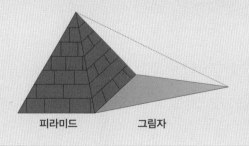

문제

① 다음은 탈레스가 그림자를 이용하여 피라미드의 높이를 구한 방법입니다. 막대의 길이가 30cm일 때, 어떻게 하면 피라미드의 높이를 구할 수 있는지 알아봅시다.

피라미드 높이 : 피라미드 그림자 길이 = 막대 길이 : 막대 그림자 길이

$$\text{피라미드 높이} = \frac{\text{피라미드 그림자 길이} \times \text{막대 길이}}{\text{막대 그림자 길이}}$$

피라미드   그림자   막대   그림자

탈레스는 막대의 길이와 막대 그림자의 길이가 같을 때, 피라미드의 그림자 길이가 피라미드의 높이가 된다는 사실을 이용하여 피라미드의 높이를 구했습니다. 이는 바로 이등변삼각형의 닮은꼴 성질을 이용한 것이라고 할 수 있습니다.

피라미드 높이 : 피라미드 그림자 길이

= 막대 길이 : 막대 그림자 길이

피라미드 높이 : 피라미드 그림자 길이 = 30cm : 30cm

그러므로 피라미드 높이와 그림자의 길이는 같습니다.

이집트인들이 생활의 필요에 의해 발명한 기하학은 실생활에서 매우 유용하게 사용되었지만, 그들의 지식이 체계적으로 잘 정리되지 않아 널리 보급되기에는 부족한 점이 많았습니다.

이집트와 지중해를 사이에 두고 바다 건너에 있던 그리스 수학자 탈레스는 이집트로 건너가 이집트인들이 발명한 수학을 많이 배웠는데, 탈레스와 피타고라스 같은 그리스 수학자들은 이집트의 수학을 정리하고 발전시키는 데 크게 기여했습니다. 그들은 이집트인들이 일상생활에 사용했던 수학을 더욱 합리적이고 논리적으로 따져 보는 것에 매우 많은 관심을 가졌고, 역사적으로도 많은 업적을 이루었습니다. 다시 말해 이집트인들은 끊임없이 '왜 그렇게 되지?' 혹은 '그 이유가 뭘까?'라고 질문하며, 굳이 하지 않아도 되는 부분까지 생각하려 했던 것입니다.

그럼 그리스를 대표하는 수학자 탈레스가 일구어 낸 업적과 그가 고민했던 문제를 통해, 탈레스가 수학적 사실들을 어떻게 증명했는지를 살펴봅시다.

첫째, 맞꼭지각의 크기는 서로 같다.

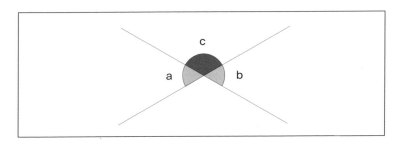

증명 각 a와 각 c를 더하면 $180°$ 이고, 각 b와 각 c를 더해도 $180°$ 이기 때문에 각 a와 각 b는 같다.

둘째, 이등변삼각형의 두 밑각의 크기는 서로 같다.

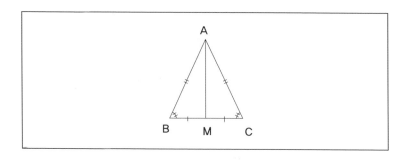

증명 삼각형 ABM과 삼각형 ACM에서

변 AB=변 AC ·················· ①

변 BM=변 CM ·················· ②

변 AM은 공통 ·················· ③

①, ②, ③에서 대응하는 세 변의 길이가 같으므로

삼각형 ABM과 삼각형 ACM은 같다.

그러므로 두 밑각 B와 C의 크기는 같다.

셋째, 삼각형의 세 내각의 크기의 합은 180°이다.

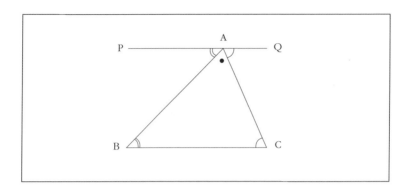

증명 삼각형 ABC의 꼭지점 A를 지나 밑변 BC에 평행한

직선 PQ를 그으면

$\angle B = \angle PAB, \ \angle C = \angle QAC$

$\angle A + \angle B + \angle C = \angle A + \angle PAB + \angle QAC$

$= \angle PAQ = 180°$

그러므로 삼각형의 세 내각의 크기의 합이 180°임

을 알 수 있다.

넷째, 반원에 내접하는 각은 직각이다.

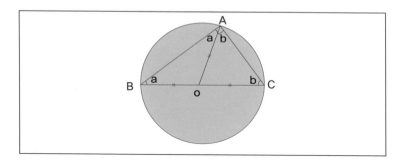

증명 변 AO=변 BO=변 CO=_{반지름}

삼각형 ABO와 삼각형 ACO가 이등변삼각형일 때

삼각형 ABC 내각의 합은 $2 \times (a+b) = 180°$

그러므로 반원에 내접하는 각 A는

$\angle A = \angle a + \angle b = 90°$

위의 그림에서 보았듯이 탈레스는 엄밀한 증명을 통해 수학을 합리적이고 논리적인 학문으로 발전시킨 최초의 수학자이자, 이것들을 실용적으로 응용한 일인자였다고도 할 수 있습니다. 예컨대 삼각형의 합동에 관한 정리를 이용하여 해상에 떠 있는 배의 위치를 측정하기도 했는데, 아래의

그림을 통해 이를 살펴보면, 한 지점 A에서 배까지의 거리
인 선분 AD의 거리는 다음과 같습니다.

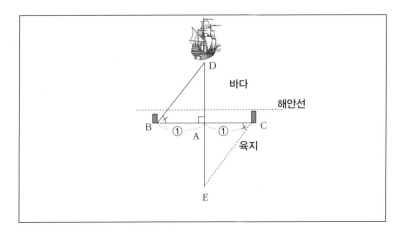

① 바닷가에 떠 있는 배와 같은 일직선상에 있는 점 A의 위
   치를 정한 후, 이와 수직이 되는 직선을 긋습니다.

② ①만큼 적당한 거리를 두고 그림에서처럼 말뚝 B를 세
   웁니다. 다음에는 이와 반대편으로 같은 거리에 똑같이
   말뚝 C를 세웁니다.

③ 배와 B, 그리고 A 사이의 각인 ∠DBA와 똑같은 크기만
   큼 ∠ACE를 잰 후, 그림처럼 선을 그으면 점 E와 만나게
   됩니다.

이때 '두 쌍의 각과 그들 사이에 있는 변이 같은 두 삼각형은 서로 합동이다' 라는 삼각형의 조건이 성립하므로, AE의 거리를 알 수 있습니다.

탈레스는 자신이 발견한 기하학적 원리를 실제 생활에 적극적으로 활용해 봄으로써, 그리스 수학을 더욱 발전시킨 수학자로 후세에 이름을 남기며 지금까지도 많은 이들로부터 칭송을 받고 있답니다.

탈레스가 사망하고 약 100년쯤 지난 뒤, 그리스에는 또 한 명의 유명한 수학자 피타고라스Pythagoras, BC 582~496가 태어납니다.

그 역시 당시 그리스 수학자들과 마찬가지로 수학자인 동시에 철학자였는데, 조금 특이한 점이라고 하면 그리스 사람들에게 신비한 인물로 알려져 있다는 사실입니다. 그 이유는 당시 그리스 사람들 사이에서 피타고라스가 아폴로 신의 아들과 피타이스라는 여인 사이에서 태어났다는 소문이 돌았을 뿐 아니라, 각종 기적을 행하고 신들과 대화를 나눈다는 소문이 무성했기 때문입니다.

그래서 피타고라스를 추종하는 사람들은 피타고라스를 신에 가까운 존재로 여겨 그리스의 정신적 지주로 추앙했다고 합니다. 또한 이 추종자들은 수학을 공개된 장소에서 배우지 않고, 비밀 집회를 통해 피타고라스로부터 배웠다고 합니다.

피타고라스를 중심으로 그의 추종자들이 모여 이루어진 모임이 바로 **피타고라스학파**입니다. 피타고라스학파는 다양한 수학적 법칙을 발견하고, 수많은 증명을 통해 후세의 수학자들과 수학을 배우는 학생들에게 많은 영향을 끼쳤습니다.

특히, 피타고라스학파는 수數를 만물의 근본으로 파악했

습니다. 이들은 자연계의 물질을 삼각형이나 사각형 같은 기하학적 도형으로 표현했을 뿐만 아니라, 각 수에 도덕적 의미도 부여했습니다.

예를 들어 홀수는 선하고 짝수는 악하다고 규정했으며, 6은 결혼의 수로서 여성수 2에 남성수 3을 곱한 값이라고 생각했을 정도입니다. 그들에게 수數는 종교적인 의미까지 지녔던 것입니다.

현재까지 알려진 피타고라스의 업적 가운데 가장 큰 것은 '직각삼각형의 빗변의 제곱은 다른 두 변의 제곱의 합과 같다'는 '피타고라스의 정리'를 발견한 것입니다.

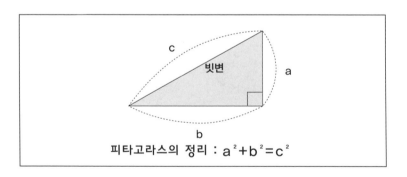

c

빗변

a

b

피타고라스의 정리 : $a^2 + b^2 = c^2$

피타고라스는 사원을 거닐다가 다음 그림처럼 가운데가

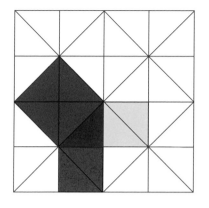

대각선으로 그어진 정사각형 모양의 타일을 보고 이 정리를 발견했다고 합니다.

그림의 검은색 직각삼각형 주위를 유심히 살펴보면, 빗변 위에 그려진 갈색 정사각형에는 검은색 직각삼각형과 크기가 같은 삼각형이 4개 들어가고, 다른 변에 그려진 빨간색과 노란색 정사각형에도 검은색 직각삼각형과 같은 크기의 삼각형이 2개씩 들어간다는 사실을 알 수 있습니다.

피타고라스는 이러한 사실에만 머무르지 않고 생각을 확장시켜 직각삼각형의 빗변의 제곱갈색 정사각형의 넓이은 다른 두 변의 제곱의 합노란색 정사각형의 넓이와 빨간색 정사각형의 넓이의 합과 같다는 법칙을 발견했습니다.

후세 사람들은 이 피타고라스의 정리를 바탕으로 다양한 수학의 법칙을 쉽게 다룰 수 있었으며, 피타고라스의 정리를 증명하는 다양한 방법이 오늘날까지 발견될 정도로 이

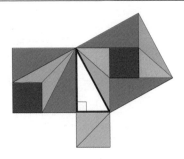

가운데 직각삼각형의 빗변을 한 변으로 하는 정사각형의 넓이는 다른 두 변을 한 변으로 하는 정사각형의 넓이의 합과 같습니다.

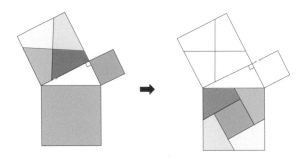

가운데 직각삼각형의 빗변을 한 변으로 하는 정사각형의 넓이는 다른 두 변을 한 변으로 하는 정사각형의 넓이의 합과 같습니다.

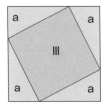

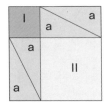

두 정사각형에서 Ⅲ=Ⅰ+Ⅱ이므로, 빗변을 한 변으로 하는 정사각형의 넓이는 다른 두 변을 한 변으로 하는 정사각형의 넓이의 합과 같습니다.

법칙은 매우 중요하게 다루어지면서 많은 주목을 받아 오고 있답니다.

피타고라스의 정리를 증명하는 대표적인 방법은 54쪽 그림과 같습니다. 그런데 바로 이 내용 때문에 피타고라스 추종자들의 신념에 커다란 동요가 일고, 급기야 동료 한 명을 벼랑 끝 죽음으로까지 몰고 갔다는 얘기가 전해지고 있습니다.

당시 피타고라스학파는 수數를 만물의 근본으로 파악했으며, 수는 오로지 1, 2, 3과 같은 자연수만 존재한다고 믿었습니다. 그런데 피타고라스의 정리가 발견되고 나서 어느 날, 그들에게는 다음과 같은 의문이 생긴 것입니다.

'한 변의 길이가 1cm인 정사각형에서 대각선의 길이는

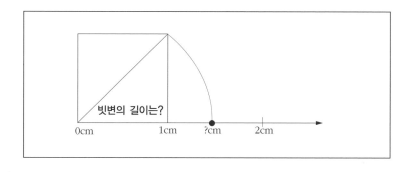

과연 얼마가 된단 말인가?'

　위의 그림에서처럼 빗변의 길이는 1과 2 사이에 존재하는 수 즉, 자연수가 아닌 $\sqrt{2}=1.414\cdots$와 같은 무리수의 형태로 존재한다는 사실을 발견하게 되었습니다. 자연수 외에는 어떠한 수도 존재하지 않는다는 신념을 간직하고 있던 그들은, 커다란 충격을 받고 이를 비밀로 하기로 다짐하였습니다.

　하지만 '임금님 귀는 당나귀 귀' 라는 우화의 내용처럼 피다고라스학파의 일원이었던 수학자 히피수스는 수학자로서 이 비밀을 감출 수 없다는 신념을 가지고 외부인에게 이 사실을 알렸습니다. 분개한 동료들은 히파수스를 바닷가 절벽으로 데려간 후 절벽 아래로 떠밀어 죽이고 말았습니다.

알아둡시다

1. 탈레스의 수학적 증명

① 두 직선이 서로 만날 때 생기는 맞

꼭지각의 크기는 서로 같습니다.

$$\angle a = \angle b$$

② 이등변삼각형의 두 밑각의 크기는 서로 같습니다.

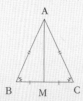

$\overline{AB}=\overline{AC}$ ····················· ①

$\overline{BM}=\overline{CM}$ ····················· ②

$\overline{AM}$은 공통 ················· ③

①, ②, ③에서 대응하는 세 변의 길이가 같으므로

$\triangle ABM=\triangle ACM$

그러므로 두 밑각 $\angle B$와 $\angle C$의 크기는 같습니다.

③ 삼각형의 세 내각의 크기의 합은 180°입니다.

$\angle B=\angle PAB$, $\angle C=\angle QAC$

$\angle A+\angle B+\angle C=\angle A+\angle PAB+\angle QAC = \angle PAQ=180°$

④ 반원에 내접하는 각은 직각입니다.

$\overline{AO}=\overline{BO}=\overline{CO}=$반지름

$\triangle ABO$와 $\triangle ACO$가 이등변삼각형일 때

$\triangle ABC$의 내각의 합은

$2\times(a+b)=180°$

그러므로 반원에 내접하는 각 A는

$\angle A=\angle a+\angle b=90°$

2. 피타고라스의 정리 직각삼각형의 빗변의 제곱은 다른 두 변의

제곱의 합과 같습니다.

피타고라스의 정리 : $a^2+b^2 = c^2$

다각형의 내각과 외각의 합을

주어진 변 혹은 각의 개수로 나누면

한 내각의 크기와 한 외각의 크기를

구할 수 있습니다.

3 교시

대각선을 이용한
다각형의 내각과
외각 탐구

3교시 학습 목표

1. 다각형의 대각선을 이용하여 외각과 내각의 합을 알 수 있습니다.

2. 다각형의 대각선을 그어 봄으로써 다양한 수학적 규칙을 발견할
   수 있습니다.

미리 알면 좋아요

1. ① 다각형은 세 개 이상의 선분으로 둘러싸인 평면도형을 말합니다.

   ② 모든 다각형은 삼각형으로 쪼갤 수 있으며, 삼각형부터 다각형
      내의 삼각형 개수는 차례로 1개씩 늘어납니다.

2. ① 볼록사각형은 모든 내각의 크기가 0°와 180° 사이의 값을 갖는
      다각형으로 [그림 1]과 같은 모양입니다.

   ② 오목사각형은 180°보다 큰 내각이 존재하는 다각형으로 [그림
      2]와 같은 모양입니다.

[그림 1] 볼록사각형   [그림 2] 오목사각형

교사

문제

1. 다음 다각형의 한 꼭지점에서 이웃하지 않는 다른 꼭
   지점까지 선을 그어 본 후, 각각 몇 개의 대각선이 나
   오는지 살펴봅시다.

① 위의 다각형들은 각각 몇 개의 삼각형으로 나눌 수 있
   습니까?
② 다각형의 내각의 합을 어떻게 구할 수 있습니까?
③ 위의 조건들을 아래 표에 완성하고, 그 속에 숨어 있는
   규칙을 찾아보시오.

다각형	나누어진 삼각형의 개수	내각의 합
삼각형		
사각형		
오각형		
육각형		
…		
□각형		

우리가 교과서에서 배우는 평면도형에는 삼각형, 사각형, 평행사변형, 사다리꼴, 마름모 등이 있습니다. 그중에서 삼각형은 모든 평면도형의 기본이 되는 도형이라 여겨집니다. 그 이유는 무엇일까요?

수학에서는 위의 도형들을 다각형이라고 부르는데, 좀 더 정확하게 설명하자면 **다각형**은 세 개 이상의 선분으로 둘러싸인 **평면도형**을 말합니다. 당연히 다각형의 기본은 삼각형이고, 모든 다각형은 삼각형으로 쪼갤 수 있으며, 삼각형부터 다각형 내의 삼각형 개수는 차례로 1개씩 늘어납니다.

이번에는 다각형의 내각의 합을 어떻게 구할 수 있는지 알아볼까요?

삼각형의 개수와 관련지어 생각하면 쉽게 발견할 수 있을 것입니다. 다시 말해 다각형 내부의 한 꼭지점에서 이웃하지 않는 다른 꼭지점에 선을 그어 삼각형으로 나눈 후, 모든 삼각형의 내각의 합인 180°에 나누어진 삼각형 개수만큼 곱해 주면 됩니다.

다각형	나누어진 삼각형의 개수	내각의 합 (180°×삼각형의 개수)
삼각형	1	180°×1
사각형	2	180°×2
오각형	3	180°×3
육각형	4	180°×4
…	…	…
□각형	□-2	180°×(□-2)

위의 사실을 통해 어떠한 규칙을 발견할 수 있나요?

여러분은 각각의 다각형을 □-2개의 삼각형으로 나눌 수 있습니다. 그리고 다각형 내각의 합은 삼각형의 내각의 합 180°에 □-2를 곱하면 되지요. 그러면 다각형의 내각의 합은 180°×(□-2)가 되는 규칙을 발견할 수 있습니다.

이번에는 대각선을 이용하여 다각형의 외각의 합은 얼마인지 알아봅시다. 그리고 이 다각형들이 정다각형인 경우, 한 내각의 크기와 한 외각의 크기에 대해서도 알아봅시다.

먼저 외각에 대해 알아볼까요?

외각이란 그림에서처럼 한쪽 방향으로 늘어선 바깥쪽 각

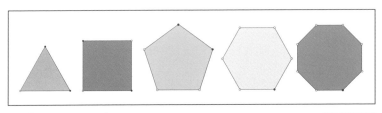

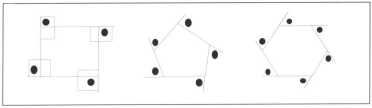

을 말합니다. 사각형의 외각의 합은 일직선 위에 붉은색으로 표시된 평각$180°×4$에서 사각형 내각의 총합 $180°×2$를 빼면 됩니다. 마찬가지로 오각형의 외각의 합은 $180°×5$에서 오각형의 내각의 합인 $180°×(5-2)=540°$만큼 빼 주면 됩니다. 그러면 $900°-540°=360°$가 됩니다. 육각형의 외각의 합 역시 $180°×6$에서 육각형의 내각의 합인 $180°×(6-$

다각형	삼각형	사각형	오각형	육각형	□각형
내각의 합	$180°$	$360°$	$540°$	$720°$	$180°×(□-2)$
외각의 합	$180°×3-180°$	$180°×4-360°$	$180°×5-540°$	$180°×6-720°$	$180°×□-$ $180°×(□-2)$

2)=720°를 빼 주면 됩니다.

위의 표에서처럼 다각형의 외각의 합은 '180°×□−180°×(□−2)'가 되는데, 이를 적용해 보면 **모든 다각형의 외각의 합은 360°가 된다**는 규칙을 발견할 수 있습니다.

만약, 다각형이 모두 정다각형이라면 그들의 한 내각과 외각의 크기는 어떻게 될까요?

정다각형은 변의 길이와 각의 길이가 모두 같은 다각형을 말합니다. 예를 들면 정삼각형, 정사긱형 같은 도형들이지요. 자, 그들의 한 내각과 외각의 크기를 알아볼까요?

다각형	삼각형	사각형	오각형	육각형	□각형
내각의 합	180°	360°	540°	720°	180°×(□−2)
외각의 합	360°	360°	360°	360°	360°

위의 표는 다각형의 내각과 외각의 합을 나타낸 것입니다. 이것을 각각 주어진 변 혹은 각의 개수로 나누면 한 내각의 크기와 한 외각의 크기를 구할 수 있습니다.

정다각형	정삼각형	정사각형	정오각형	정육각형	정□각형
한 내각의 크기	$180° \div 3 = 60°$	$360° \div 4 = 90°$	$540° \div 5 = 108°$	$720° \div 6 = 120°$	$\{180° \times (□ - 2)\} \div □$
한 외각의 크기	$360° \div 3 = 120°$	$360° \div 4 = 90°$	$360° \div 5 = 72°$	$360° \div 6 = 60°$	$360° \div □$

이번에는 조금 다른 모양의 사각형의 내각과 외각의 합에 대해 알아봅시다.

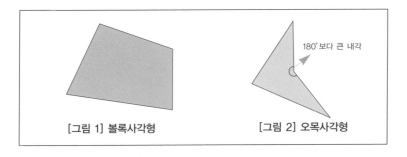

180°보다 큰 내각

[그림 1] 볼록사각형　　　　　[그림 2] 오목사각형

다각형은 큰 기준에서 나누어 보면 **볼록사각형**과 **오목사각형**으로 나눌 수 있습니다. 볼록사각형은 모든 내각의 크기가 $0°$와 $180°$ 사이의 값을 갖는 다각형으로 [그림 1]처럼 여러분이 일반적으로 생각하고 있는 다각형의 형태를 갖추고 있습니다. 그리고 오목사각형은 $180°$보다 큰 내각이 존재하는 다각형으로 [그림 2]와 같은 모양입니다.

앞서 공부했듯이 볼록사각형의 내각의 합과 외각의 합은 당연히 360°입니다. 그럼 오목사각형의 내각의 합과 외각의 합도 과연 360°일까요?

오목사각형은 두 개의 삼각형으로 나누어지므로 내각의 합은 $180° \times 2 = 360°$임을 알 수 있습니다. 그럼 이번에는 오목사각형의 외각의 합을 알아보겠습니다.

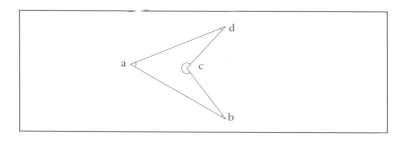

위의 그림에서 오목사각형 abcd의 꼭지점 각각의 내각을 a, b, c, d라 하면 $a+b+c+d = 360°$입니다. 아시다시피 한 외각의 크기는 180°에서 한 내각의 크기를 뺀 각이므로 오목사각형의 외각의 합은 $(180-a)° + (180-b)° + (180-c)° + (180-d)° = 720° - (a+b+c+d)° = 360°$가 됩니다. 따라서

오목사각형의 외각의 합 역시 360°임을 알 수 있습니다.

하지만 여러분은 왜 오목사각형의 외각의 합이 360°가 되는지 충분히 이해하지 못할 수도 있습니다. 그 이유는 바로 ∠c 때문이겠죠?

아래의 그림에서처럼 ∠c는 180°를 넘게 되므로 180°에서 그보다 더 큰 각을 빼라고 한다면 이해할 수 없을 것입니다. 하지만 정수의 덧셈과 뺄셈을 이해하고 있는 학생들이라면 아마 알 수 있을 것입니다. 다시 말해 ∠c가 만약 230°라면 꼭지점 c의 외각의 크기는 $180° - 230° = -50°$가 됩니다.

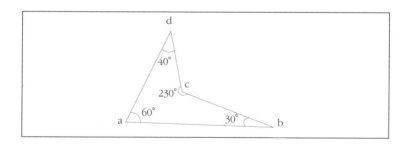

마치 온도계의 눈금이 항상 영상을 가리키다가 어느 날 갑자기 기온이 영하 10°C, 즉 −10°C가 되는 것과 같은 원리

입니다. 예를 들어, 오목사각형의 내각이 다음과 같을 때 외각의 합을 알아보면 $(180-60)^\circ + (180-30)^\circ + (180-40)^\circ + (180-230)^\circ = 120^\circ + 150^\circ + 140^\circ + (-50)^\circ = 360^\circ$ 가 되는 경우를 통해 이해할 수 있습니다.

꼭 알아둡시다

1. 다각형의 내각의 합은 다각형 내부의 한 꼭지점에서 이웃하지 않는 다른 꼭지점에 선을 그어 삼각형으로 나눈 후 180°에 삼각형의 개수만큼 곱해 주면 됩니다.

2. 정□각형의 한 내각의 크기는 {180°×(□-2)}÷□가 됩니다.

3. 모든 다각형의 외각의 합은 {180°×□}-{180°×(□-2)}=360°가 됩니다.

눈금 없는 자와 컴퍼스는

도형 및 공간의 성질에 대하여 연구하는 학문인

기하학에서 가장 기본적으로 다루는 도구인데

바로 이 도구를 이용해서 주어진 조건에 알맞은

선이나 도형을 그리는 것을 작도라고 합니다.

4 교시

자와 컴퍼스를 이용한 그리스 수학 탐구

4교시 학습 목표

1. 눈금 없는 자와 컴퍼스만을 이용하여 각의 이등분선, 수직이등분선, 평행선을 작도할 수 있습니다.

2. 눈금 없는 자와 컴퍼스를 이용한 작도 활동을 통해 그리스 수학자들의 탐구 정신을 체험할 수 있습니다.

미리 알면 좋아요

1. 도형을 탐구하고 논리적으로 증명하는 것에 심취해 있던 그리스 수학자들은, 특히 자와 컴퍼스를 이용하여 작도를 하고, 그에 대해 증명하는 것을 중요한 부분으로 여겼습니다.

2. 그리스 수학자들은 눈금 없는 자와 컴퍼스 이외의 도구는 사용하지 않는다는 것을 작도의 기본 조건으로 내세웠습니다. 이러한 그들의 고집이 기하학의 발달에 큰 영향을 미치게 되었습니다.

문제

① 눈금 없는 자와 컴퍼스를 이용하여 90° 각의 삼등분선

을 작도해 봅시다.

　90°

이 문제를 풀기에 앞서, 먼저 이와 같은 작도법이 처음으로 등장하게 된 그리스 시대로 올라가 봅시다.

그리스 수학자 중 한 사람인 유클리드Euclid, BC 330~ 275는 학창 시절 플라톤학파의 아카데미에서 교육을 받았으며, 수학에 비범한 재능을 보였습니다. 유클리드의 어린 시절, 그리스의 왕은 알렉산더 대왕이었습니다.

그는 20세의 젊은 나이에 왕위에 오르자마자 그리스를 비롯한 소아시아와 이집트 등을 차례로 정복했으며, 이집트에 있는 나일강 근처에 정치, 경제를 비롯한 모든 분야의 중심지 역할을 하는 알렉산드리아라는 도시를 건설했습니다.

세월이 흘러 알렉산더 대왕이 죽자, 그의 충신 중 한 명인 프톨레마이오스는 대형 도서관과 박물관 등을 건설하였으며, 왕궁 가까운 곳에 세계 최초로 대학을 건설하여 그 당시 아테네에서 이름 있는 학자들을 모두 초청하기도 했습니다. 바로 이때, 유클리드가 이 대학 수학 교수의 최고 책임자가 되어 오늘날까지 수학 분야에 커다란 영향을 미치고 있는 《기하학원론》을 집필하게 됩니다.

이 책은 당시 여러 그리스 수학자들이 알아낸 수학적 사실들과 자신이 발견한 수학 내용들을 정리해 체계적인 교과서로 편찬한 것으로, 수학 사상 최고의 성전聖典이라고 할 만한 것입니다. 이 책의 번역본은 오늘날까지도 수많은 나라에서 끊임없이 발행되고 있습니다.

유클리드가 활동하던 당시의 왕이었던 프톨레마이오스는 당대의 석학 유클리드에게 강의를 들었는데, 그는 기하학이 어려워 '좀 더 쉽게 배우는 길은 없는가?' 라고 물었다고 합니다. 그러자 유클리드는 '기하학 공부에 왕도는 없습니다'

라고 대답했다고 하는 유명한 이야기가 전해지고 있습니다.

여러분도 이어서 등장하는 유클리드의 《기하학원론》 중 제4권에 나와 있는 여러 가지 작도법들을 천천히 이해하면서 유클리드의 말을 다시 한 번 새겨 보시기 바랍니다.

첫째, 눈금 없는 자와 컴퍼스를 이용하여 90° 각의 삼등분선을 다음과 같이 작도해 봅시다.

90° 각의 삼등분선 작도법

① 점 O를 중심으로 하는 원을 그립니다. 선분들과 원이 만나는 교점을 X, Y라고 합시다.

② 점 X를 중심으로 선분 XO를 반지름으로 하는 원을 그리고, 마찬가지로 점 Y를 중심으로 선분 YO를 반지름으로 하는 원을 그립니다.

③ 위의 과정에서 두 개의 원을 그리고, 중심이 O인 원과 만나는 교점을 P, Q라고 했을 때 선분 OP, OQ를 연결해 주면 90° 각의 3등분선 작도가 완성됩니다.

만약 이 문제를 풀 때 각도기를 이용했다면 간단히 해결할 수 있었겠지만, 그리스 수학자들은 작도의 기본 조건으로 눈금 없는 자와 컴퍼스 이외의 도구는 사용을 금지했습니다. 그들의 이런 고집이 기하학의 발달에 큰 영향을 미치게 된 것이지요.

둘째, 수직이등분선을 작도해 봅시다.

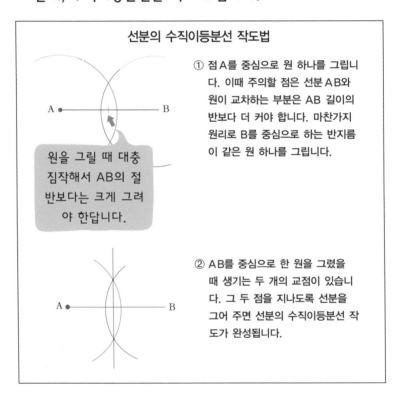

선분의 수직이등분선 작도법

① 점 A를 중심으로 원 하나를 그립니다. 이때 주의할 점은 선분 AB와 원이 교차하는 부분은 AB 길이의 반보다 더 커야 합니다. 마찬가지 원리로 B를 중심으로 하는 반지름이 같은 원 하나를 그립니다.

원을 그릴 때 대충 짐작해서 AB의 절반보다는 크게 그려야 한답니다.

② AB를 중심으로 한 원을 그렸을 때 생기는 두 개의 교점이 있습니다. 그 두 점을 지나도록 선분을 그어 주면 선분의 수직이등분선 작도가 완성됩니다.

셋째, 평행선을 작도해 봅시다.

평행선 작도법(동위각과 엇각이 같으면 두 직선은 평행함을 이용한 작도법)
주어진 선분 l과 평행한 직선 m을 그어 보도록 합시다.

① 가로로 직선을 긋고 l 이라고 합시다.

② 직선 l과 만나도록 한 선분을 긋습니다. 직선 l 과 새로 선분을 그어 만나는 교점을 O라고 합 시다.

③ 원 O를 중심으로 하는 원을 일부 그립니다. 이 때 남색 직선과 직선 l 이 만나는 교점을 각각 A, B라고 합시다.

④ 반지름의 크기를 조절하지 않고 그대로 남색 직 선 위의 한 점을 중심으로 하는 원을 그립니다. 이때 남색 직선과의 교점을 C, 잡은 중심점을 P라고 합시다.

⑤ 점 A를 중심으로 해서 AB를 반지름으로 하는 원을 일부 그려 줍니다.

⑥ 마찬가지로 위의 원(군청색 원)에도 반지름 길이 를 줄이지 말고 점 C를 중심으로 하는 원을 그 려 줍니다. 이때 원들끼리의 교점을 D라 합니다.

⑦ 선분 PD를 연결하면 선분 l과 평행한 직선 m 이 됩니다.

넷째, 각의 이등분선을 작도해 봅시다.

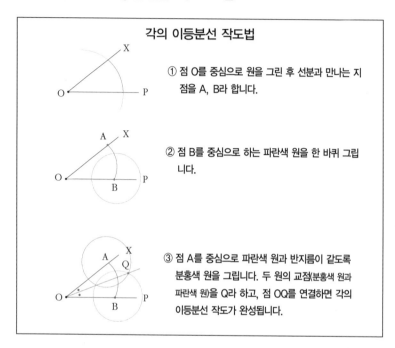

각의 이등분선 작도법

① 점 O를 중심으로 원을 그린 후 선분과 만나는 지점을 A, B라 합니다.

② 점 B를 중심으로 하는 파란색 원을 한 바퀴 그립니다.

③ 점 A를 중심으로 파란색 원과 반지름이 같도록 분홍색 원을 그립니다. 두 원의 교점(분홍색 원과 파란색 원)을 Q라 하고, 점 OQ를 연결하면 각의 이등분선 작도가 완성됩니다.

이처럼 도형을 탐구하고 논리적으로 증명하는 것에 심취해 있던 그리스 수학자들은 눈금 없는 자와 컴퍼스를 이용하여 작도를 하고, 그에 대해 증명하는 것을 중요한 부분으로 여겼습니다.

눈금 없는 자와 컴퍼스는 기하학에서 가장 기본적으로 다루는 도구인데, 바로 이 도구를 이용해서 도형을 그리는 것을 작도라고 합니다.

그리스인들은 기본적인 작도를 바탕으로 다양한 응용을 시도하였습니다. 아르키메데스는 창과 칼을 든 로마 병사들이 침입하여 바로 옆까지 다가왔을 때에도 땅바닥에 그린 원의 넓이에 심취해 있었다고 합니다. 그는 그림을 지운 로마 병사에게 항의하다 죽었을 정도로 기본적인 도형을 작도하고, 그 성질을 탐구하는 일에 빠져 있었다고 합니다.

정밀한 도구를 이용하지 않고, 눈금 없는 자와 컴퍼스만을 이용하여 기본도형을 탐구하고 작도하는 그리스인들의 탐구심과 정직하고 바른 생각, 우리가 본받을 만하지 않을까요?

꼭 알아둡시다

1. 90° 각의 삼등분선 작도

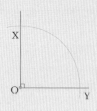

① 점 O를 중심으로 하는 원을 그립니다. 선분들과 원이 만나는 교점을 X, Y라고 합시다.

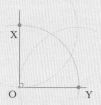

② 점 X를 중심으로 선분 XO를 반지름으로 하는 원을 그리고, 마찬가지로 점 Y를 중심으로 선분 YO를 반지름으로 하는 원을 그립니다.

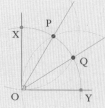

③ 위의 과정에서 두 개의 원을 그렸을 때, 중심이 O인 원과 만나는 교점을 P, Q라고 했을 때 선분 OP, OQ를 연결해 주면 90° 각의 3등분 작도가 완성됩니다.

2. 선분의 수직이등분선 작도

① 점 A를 중심으로 원 하나를 그립니다. 이때 주의할 점은 선분 AB와 원이 교차하는 부분은 AB 길이의 반보다 더 커야 합니다. 마찬가지 원리로 B를 중심으로 하는 원 하나를 그립니다.

원을 그릴 때 대충 짐작해서 선분 AB의 절반보다는 크게 그려야 한답니다.

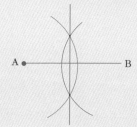

② AB를 중심으로 한 원을 그렸을 때 생기는 두 개의 교점이 있습니다. 그 두 점을 지나도록 선분을 그어 주면 선분의 수직이등분선 작도가 완성됩니다.

작도는 고대 그리스인들에게는
하나의 놀이 문화이자 사고를 일깨우는 수단으로써
그들의 문화를 꽃피우는 데 중요한 역할을 하였습니다.
그리스의 웅장하고 아름다운 파르테논 신전 역시
눈금 없는 자와 컴퍼스만으로 설계하여 세운 것이라고 합니다.

자와
컴퍼스를
이용한 정다각형
작도 탐구

5교시 학습 목표

1. 눈금 없는 자와 컴퍼스를 이용하여 정다각형을 작도할 수 있습니다.

2. 원의 성질을 이용하여 정다각형을 작도하고, 이 과정에서 다각형의 성질을 알 수 있습니다.

미리 알면 좋아요

1. 고대 그리스 수학자들은 눈금 있는 자와 각도기 같은 실용적인 도구를 이용하여 편리하게 수학을 다루는 걸 수치로 알았습니다. 그래서 그들은 눈금 없는 자와 컴퍼스를 이용하여 논리적으로 도형을 그리고 증명하는 수학을 즐겨 했다고 합니다.

2. 원의 중심에서 원주에 그은 직선을 반지름이라 하며, 반지름의 길이는 모두 같습니다.

문제

① 눈금 없는 자와 컴퍼스만을 이용하여 아래의 정삼각형,

정사각형, 정오각형, 정육각형을 각각 작도해 보세요.

  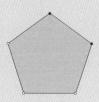

먼저, 눈금 없는 자와 컴퍼스만을 이용하여 **정삼각형**을 작도해 봅시다.

① 하나의 원을 그린 다음, 원 위에 원의 중심을 두고 반지름의 크기가 같은 다른 원을 그립니다.

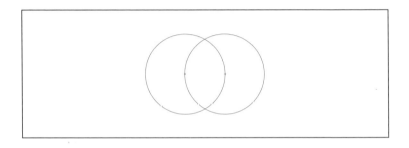

② 원의 중심끼리 연결하고, 두 원이 만나는 점을 선분으로 연결합니다.

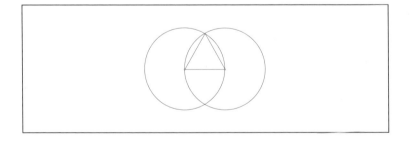

세 점을 선분으로 연결한 도형이 정삼각형인 이유는, 세

변이 모두 크기가 같은 원의 반지름이 되기 때문입니다.

다음으로, 눈금 없는 자와 컴퍼스만을 이용하여 **정사각
형**을 작도해 봅시다.

① 하나의 원을 그린 다음, 원 위에 원의 중심을 두고 반
지름의 크기가 같은 원을 하나 더 그립니다.

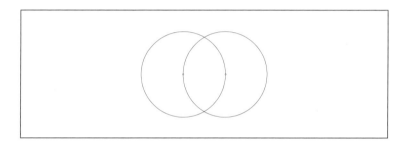

② 원의 중심과 교점을 지나가는 수평선과 수직선을 긋
습니다.

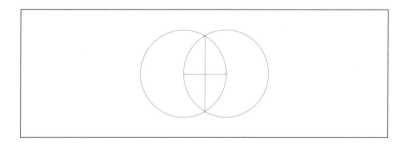

③ 수직선과 수평선이 교차하는 점을 중심으로 하고, 다른 한 원의 중심까지를 반지름으로 하는 원을 그립니다.

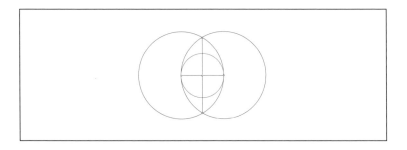

④ 원이 선과 만나는 네 점을 연결하여 정사각형을 완성합니다.

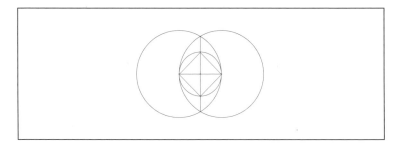

네 점을 선분으로 연결한 도형이 정사각형인 이유는 ③에서 그린 원 속의 삼각형이 모두 합동이기 때문입니다. 즉, 네 변의 크기가 같으면 정사각형이 됩니다.

여러분은 도형을 그릴 때 어떤 도구들을 사용하나요? 아마 대부분의 사람들이 자와 각도기 혹은 컴퍼스를 이용할 것입니다.

하지만 고대 그리스 수학자들은 눈금 있는 자와 각도기 같은 실용적인 도구를 이용하여 수학을 편리하게 다루는 것을 수치로 여기고, 눈금 없는 자와 컴퍼스만 이용하여 논리적으로 도형을 그리고 증명하는 수학을 즐겨 했다고 합니다. 그 결과, 그리스 기하학은 놀라운 성과와 발전을 이룩하였으며, 오늘날에도 수학 분야에서 많은 영향력을 과시하고 있습니다.

그럼 계속해서 그들의 발자취를 다시 한 번 짚어 가며 그리스 기하학의 세계로 푹 빠져 볼까요?

이번에는 눈금 없는 자와 컴퍼스만 이용해서 다음 순서에 따라 정오각형을 작도해 봅시다.

① 원을 그리고 원의 중심에서 수선을 내린 후, 반지름의 중점에서 다시 수선을 내립니다.

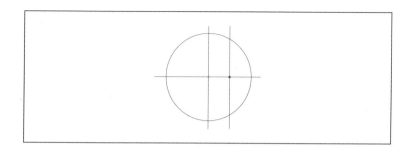

② 주어진 길이 A를 반지름으로 하는 원호를 그립니다.

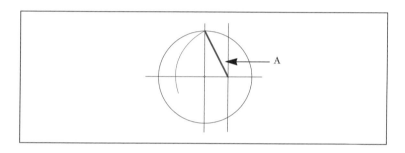

③ 주어진 길이 B를 반지름으로 하는 원호를 그리고 원

과의 교점을 찾습니다.

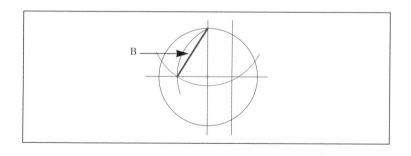

④ 원과의 교점에서 주어진 길이 C를 반지름으로 하는
원호를 그려 원과의 교점을 각각 찾습니다.

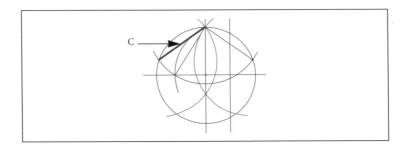

⑤ 원 위의 점 5개를 차례로 잇습니다.

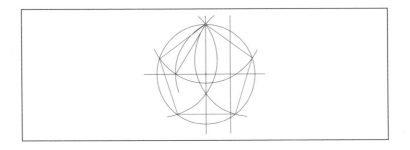

원 위의 점을 선분으로 연결한 다각형이 정오각형인 이
유는 다섯 개의 변 모두가 길이가 같은 원의 반지름이 되기
때문입니다.

계속해서 눈금 없는 자와 컴퍼스만을 이용하여 다음 순

서대로 정육각형을 작도해 봅시다.

① 원 하나를 그린 다음, 원 위에 원의 중심을 두고 반지름이 같은 원을 좌우에 두 개 그립니다. 이때 세 원의 중심을 한 직선 위에 둡니다.

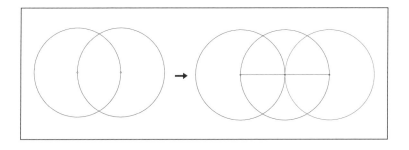

② 중심의 원 주위에 생긴 6개의 점을 연결하면 정육각형이 됩니다.

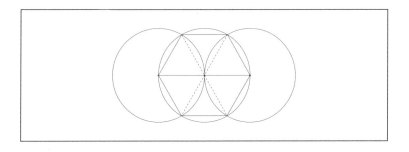

이 다각형이 정육각형이 되는 이유는, 여섯 개의 변 모두

원의 반지름의 길이가 같고, 각각의 각이 $60°+60°=120°$ 가 되기 때문입니다.

앞에서 그려 본 것과 같은 작도는 고대 그리스인들에게는 하나의 놀이 문화이자 사고를 일깨우는 수단으로써 그들의 문화를 꽃피우는 데 중요한 역할을 하였습니다. 그리스의 웅장하고 아름다운 파르테논 신전 역시 눈금 없는 자와 컴퍼스만으로 설계하여 세운 것이라고 합니다.

그렇다면 앞서 배운 것처럼 정삼각형, 정사각형, 정오각형 그리고 정육각형 이외에 다른 정다각형들도 작도할 수 있을까요?

먼저, **정팔각형**을 작도해 봅시다.

① 정사각형을 작도한 다음, 각 꼭지점으로부터 대각선 길이의 반을 반지름으로 하는 빨간색 원을 그립니다.

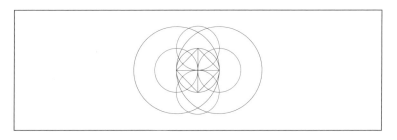

② 정사각형으로부터 연장선을 그은 다음, 4개의 원과의 교점을 연결하면 정팔각형이 됩니다.

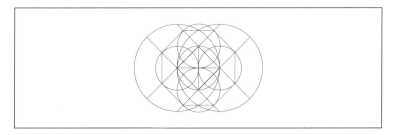

다음은 **정십각형**을 작도해 보겠습니다.

① 정오각형을 그린 다음, 각 변의 연장선을 그어 오각별을 만들고 각 꼭지점을 지나는 원을 그립니다.

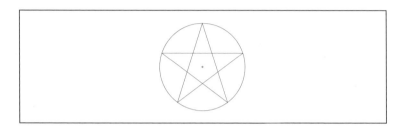

② 정오각형의 한 꼭지점에서 연장선이 교차되는 점까지 연결하고 반대편 역시 원주까지 연결합니다.

③ 정오각별의 꼭지점 다섯 개와 원주 위에 새로 생긴 다섯 개의 점을 연결하면 정십각형이 만들어집니다.

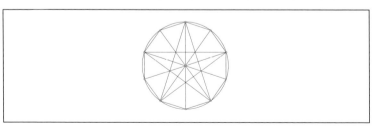

같은 원리로 정다각형의 한 각을 이등분할 수 있으므로 정삼각형의 한 내각 60°를 이등분하면 30°, 15°, … 정사각형의 한 내각 90°를 이등분하면 45°, 22.5°, … 등의 각을 작도할 수 있습니다. 이런 식으로 정사각형이나 정육각형의 각 변을 이등분해 가면 되기 때문에 정팔각형, 정십이각형, 정십육각형, …… 등을 얼마든지 작도할 수 있습니다.

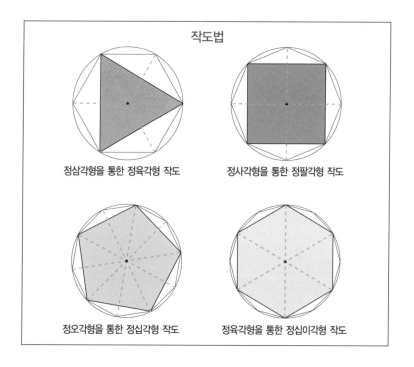

작도법

정삼각형을 통한 정육각형 작도

정사각형을 통한 정팔각형 작도

정오각형을 통한 정십각형 작도

정육각형을 통한 정십이각형 작도

알아둡시다

1. 눈금 없는 자와 컴퍼스만을 이용하여 정삼각형 작도하기

① 하나의 원을 그린 다음, 원 위에 원의 중심을 두고 반지름의 크기가 같은 다른 원을 그립니다.

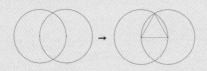

② 원의 중심끼리 연결하고 두 원이 만나는 점을 선분으로 연결합니다.

2. 눈금 없는 자와 컴퍼스만을 이용하여 정사각형 작도하기

① 원을 하나 그린 다음, 원 위에 원의 중심을 두고 반지름의 크기가 같은 다른 원을 그립니다.

② 원의 중심과 교점을 지나가는 수평선과 수직선을 긋습니다.

③ 수직선과 수평선이 교차하는 점을 중심으로 하고, 다른 한 원의 중심까지를 반지름으로 하는 원을 그립니다.

④ 원과 선이 만나는 네 점을 연결하여 정사각형을 완성합니다.

3. 눈금 없는 자와 컴퍼스만을 이용하여 정육각형 작도하기

① 원 하나를 그린 다음, 원 위에 원의 중심을 두고 반지름이 같은 원을 좌우에 두 개 그립니다.

② 중심의 원 주위에 생긴 6개의 점을 연결하면 정육각형이 됩니다.

테셀레이션은

역사 속에서 흔히 찾아볼 수 있는데,

대표적인 것이

이슬람 문화의 벽걸이 융단,

퀼트, 옷 깔개, 가구의 타일,

건축물에 나타나는 기하학적 무늬 등입니다.

테셀레이션을
이용한 창의적인
무늬 탐구

6

6교시 학습 목표

1. 빈틈이나 포개짐 없이 평면이나 공간을 도형으로 완벽하게 덮는 테셀레이션Tessellation 원리를 알 수 있습니다.

2. 에셔Escher의 작품을 관찰하고 그 속에 테셀레이션 원리가 어떻게 숨어 있는지 알 수 있습니다.

미리 알면 좋아요

1. **테셀레이션** 테셀레이션은 이슬람 문화의 벽걸이 융단, 퀼트, 옷, 깔개, 가구의 타일, 건축물, 한국의 전통 가옥이나 사찰 같은 역사적 산물에서 찾아볼 수 있을 뿐만 아니라, 보도블럭 같은 다양한 곳에 그 원리가 적용되는 기하학적 무늬입니다.

2. **에셔** 네덜란드의 미술가인 에셔는 테셀레이션의 원리를 소재로 한 다양한 작품을 선보인 화가입니다. 그는 작품에 동물, 새, 물고기를 반복적으로 대칭 배열하여 일정 단위로 반복되는 패턴 구도를 시도함으로써 테셀레이션 원리를 작품에 많이 등장시켰습니다.

문제

1 다음 그림처럼 바닥에 깔려 있는 무늬들은 어떠한 특

징을 보이는지 알아봅시다.

우리가 생활 속에서 수없이 걸어 다니는 보도블록과 욕실에 붙어 있는 타일의 모양은 매우 잘 짜 맞추어져 있습니다.

이렇듯 우리가 사용하는 욕실 바닥과 벽면, 보도블록에는 수학의 원리가 숨어 있는데, 이를 테셀레이션Tessellation 이라고 합니다. 테셀레이션이란 어떠한 틈이나 포개짐 없이

평면이나 공간을 도형으로 완벽하게 덮는 것을 말합니다.

테셀레이션은 역사 속에서 흔히 찾아볼 수 있는데, 대표적인 것이 이슬람 문화의 벽걸이 융단, 퀼트, 옷, 깔개, 가구의 타일, 건축물에 나타나 있는 기하학적 무늬입니다. 아래의 이슬람 융단이나 퀼트에서 찾을 수 있는 반복적인 무늬는 오른쪽 그림과 같습니다.

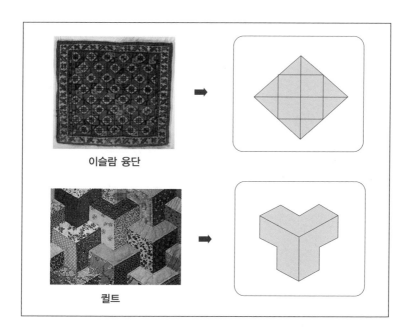

이슬람 융단

퀼트

이러한 예는 비단 외국의 고대 문화에서뿐만 아니라 한

국의 전통 문양에서도 많이 찾아볼 수 있습니다. 아래의 그림은 한국의 전통 가옥이나 사찰에서 발견할 수 있는 무늬로, 테셀레이션의 특징이 잘 나타나 있습니다.

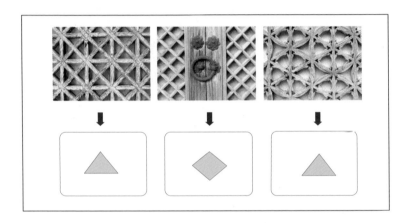

이러한 테셀레이션이 우리에게 단지 예술적인 아름다움만 주는 것은 아닙니다. 그 속에는 무한한 수학적 개념과 의미가 들어 있어 도형의 각의 크기, 대칭과 변환, 합동 등을 흥미롭게 학습할 수 있도록 해 줍니다.

테셀레이션의 원리를 소재로 다양한 작품을 선보인 화가가 있습니다. 바로 네덜란드의 미술가인 에셔Maurits Escher, 1898~1972입니다.

에셔는 동물, 새, 물고기들을 반복적으로 대칭 배열하여
일정 단위로 반복되는 패턴 구도를 작품에 시도함으로써,
테셀레이션의 원리를 그의 작품에 많이 등장시켰습니다. 또
한 그는 자신의 작품을 통해 '도형은 인간이 만들어 낸 것이
아니라 세상 그 자체'임을 깨닫게 해 주었으며, 동시에 '자
연 속에서 도형을 발견한 것이지 도형 위에 자연을 끼워 맞

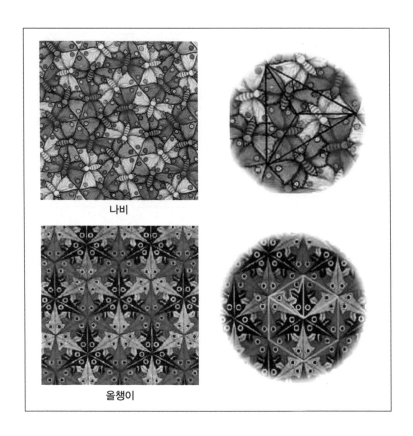

나비

올챙이

춘 것이 아니다' 라고 주장했습니다.

위의 에셔의 작품 〈나비〉와 〈올챙이〉는 아주 쉽게 그린 것처럼 보이지만 자세히 관찰해 보면 공간을 채우는 과정이 매우 정교하다는 사실을 알 수 있습니다. 작품 〈나비〉의 경우 정삼각형을 바탕으로 한 회전이동을 통해 나비 무늬로 빈틈없이 덮었음을 알 수 있습니다. 〈올챙이〉 역시 정육각형을 정삼각형으로 등분한 다음, 중점을 중심으로 회전이동하여 올챙이 무늬로 빈틈없이 채운 테셀레이션 작품입니다.

에셔 작품의 또 다른 특징 가운데 하나는 부분이 전체를 닮으면서 자기 유사성을 갖는 이른바 **프랙탈**fractal의 원리를 찾아볼 수 있다는 것입니다. 그의 작품 〈천국과 지옥〉을 보면, 검은 박쥐와 흰 천사가 중심에서 주변으로 갈수록 크기가 작아지면서 연속적으로 배열되어 있는데, 이것 역시 프랙탈의 일종으로 볼 수 있습니다.

또한 〈원형 극한 3〉이라는 작품에서도 한쪽 방향을 향한 물고기들의 끝없는 행렬이 중심으로 접근할수록 커지고, 가장자리로 갈수록 작아지는 특징을 확인할 수 있습니다. 에

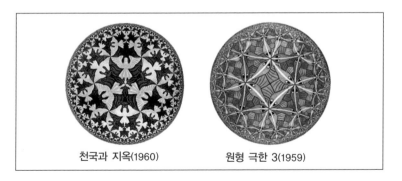

천국과 지옥(1960)　　　　원형 극한 3(1959)

셔는 이 작품에서 6개의 회전축을 사용하며, 자기 복제적인 '프랙탈'을 생성하여 또다시 무한한 접근을 시도하고 있습니다.

에셔의 작품에서 흥미로운 점은 2차원과 3차원의 세계, 그리고 4차원의 세계까지도 하나의 평면 그림에 표현했다는 것입니다. 우리가 3차원의 세계를 2차원에서 똑같이 나타낼 수 없듯이, 4차원의 세계 역시 3차원이나 2차원의 세계에서 표현할 수 없습니다. 그러나 에셔는 이 공간의 문제를 아주 재미있게 표현함으로써 평면과 공간, 공간과 시간을 초월하는 모순된 상황을 재미있게 작품으로 승화시켰습니다.

〈도마뱀〉이라는 작품은 도마뱀이 2차원 평면에서 나와 3차원 입체로 옮겨 갔다가 다시 2차원 평면으로 되돌아가는 순환 과정이 표현되어 있습니다. 이 작품의 소재는 도마뱀 모양으로 채워진 테셀레이션임을 알 수 있습니다.

작품 〈낙수폭포〉는 폭포의 물결을 따라 계속 내려가다 보면 놀랍게도 처음 출발했던 장소로 되돌아오게 됩니다. 이

도마뱀 (1943)

낙수폭포(1961)

상대성(1953)

그림은 우리의 시선이 물체의 선을 따라가다 보면 자신도 모르는 사이에 시간과 공간을 초월하게 된다는 사실을 알 수 있는 작품으로, 4차원의 개념을 2차원으로 나타내고 있습니다. 관찰자 차원의 개념이 변화한 것을 뒤늦게 깨달을 수 있는 재미있는 작품이지요.

〈상대성〉 또한 시공간을 초월하는 4차원의 세계를 모순된 공간에서 표현한 흥미로운 작품입니다.

이처럼, 에서는 테셀레이션의 원리를 이용한 미술 작품을 통해 다양한 방식으로 고정관념을 극복했습니다. 새로운 형태를 통해 끊임없이 제시되는 그의 창의성은 오늘날 수학자와 미술가들 사이에서 다양하게 다루어지고 응용되고 있으며, 그의 작품 또한 후세들에게 존중의 연구 대상이 되고 있답니다.

알아둡시다

1. **욕실이나 바닥 타일의 모양 탐구** 바닥에 깔려 있는 타일을 통해 테셀레이션 원리가 실생활에 어떻게 적용되는지 알 수 있습니다.

2. **테셀레이션에서 반복되는 무늬의 적용** 생활 주변에서 테셀레이션 원리가 들어 있는 물건을 찾고, 어떠한 형태로 무늬가 빈틈없이 반복되어 사용되는지를 발견할 수 있습니다.

퀼트

여러 가지 도형의 넓이를
구하는 과정 속에
테셀레이션의 원리가 숨어 있습니다.
사람이 아닌 곤충들도
테셀레이션의 원리를 적용하고 있습니다.

테셀레이션의
활용 실례 탐구

7교시 학습 목표

1. 테셀레이션이 가능한 정다각형에는 어떤 것이 있는지 알 수 있습니다.

2. 다각형 중에서 정사각형을 단위넓이로 정하는 이유를 테셀레이션
   의 관점에서 알 수 있습니다.

미리 알면 좋아요

1. 한 점을 중심으로 똑같은 정다각형을 연결할 경우 정다각형 여
   러 개를 한 점에 모았을 때, 그 각들의 합이 360°가 되어야 테셀
   레이션이 가능합니다.

테셀레이션이 가능한 도형들 — 한 점을 중심으로 빈틈없이 360°를 채워야 한다.

2. 테셀레이션이 불가능한 정다각형 정오각형, 정팔각형 등은 한 점
   을 중심으로 연결하였을 때 360°가 되지 않으므로 불가능합니다.

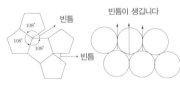

테셀레이션이 불가능한 도형들 — 한 점을 중심으로
360°를 채울 수 없다.

1. 수학의 기본도형 중에서 테셀레이션이 가능한 정다각형에는 어떤 것이 있을까요? 그리고 테셀레이션이 어떻게 가능한지 알아봅시다.

문제에 나타난 그림들을 통해 과연 어떤 정다각형으로 테셀레이션을 할 수 있는지 알아봅시다. 테셀레이션이 되기 위해서는 정다각형들이 한 점에 겹치지 않고 빈틈없이 채워져야 합니다. 즉, 정다각형 몇 개를 한 점에 모았을 때 그 각들의 합이 360°가 되어야 합니다.

우선 각 정다각형의 한 내각의 크기를 알아봅시다.

구분 \ 도형	정삼각형	정사각형	정오각형	정육각형	정칠각형	정팔각형
각들의 합	180°	360°	540°	720°	900°	1080°
한 각의 크기	60°	90°	108°	120°	약 128.57°	135°

① 정삼각형은 한 각이 60°이므로 한 꼭지점을 중심으로 그 주위에 정삼각형 6개를 빈틈없이 채울 수 있습니다.

② 정사각형은 한 각이 90°이므로 한 꼭지점의 둘레에 빈틈없이 4개의 정사각형을 놓을 수 있습니다.

③ 정오각형은 한 각이 108°이므로 한 꼭지점 둘레에 3개를 채우면 36°만큼의 빈틈이 생기고, 4개를 채우면

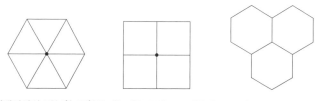

테셀레이션이 가능한 도형들_한 점을 중심으로 빈틈없이 360°를 채울 수 있습니다.

겹쳐지므로 테셀레이션을 할 수 없게 됩니다.

④ 정육각형은 한 각이 120°이므로 한 꼭지점 둘레에 3개를 채우면 테셀레이션이 가능하게 됩니다.

⑤ 정팔각형 이상은 각의 크기가 더욱 커져서 3개를 채우면 겹쳐지고, 2개를 채우면 빈틈이 생기므로 한 각의 크기가 180°는 될 수 없으므로 테셀레이션이 불가능합니다.

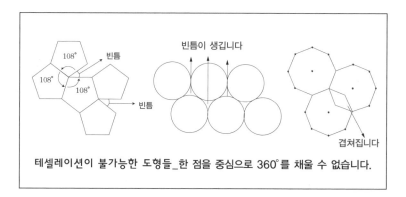

테셀레이션이 불가능한 도형들_한 점을 중심으로 360°를 채울 수 없습니다.

여러분이 여러 가지 도형의 넓이를 구할 때, 바로 이와 같은 테셀레이션의 원리를 이용하고 있다는 사실을 아십니까? 아래 그림의 삼각형 넓이를 구하기 위해 여러 가지 방법을 사용하며 도형의 넓이를 구하는 과정 속에 테셀레이션의 원리가 숨어 있다는 것을 알 수 있을 것입니다.

자, 그럼 여러분이 3학년 때 배웠던 삼각형의 넓이 구하는 과정을 다시 한 번 천천히 되새겨 볼까요?

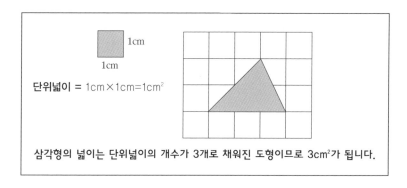

단위넓이 = 1cm×1cm=1cm²

삼각형의 넓이는 단위넓이의 개수가 3개로 채워진 도형이므로 3cm²가 됩니다.

우리가 보통 사각형이나 삼각형의 넓이를 구할 때 먼저 떠올리는 공식은 밑변×높이, 혹은 밑변×높이÷2이지요.

하지만 여러분이 교과서에서도 배웠듯이, 이 넓이들의 기본단위는 어떤 모양이었나요? 아마 위의 그림처럼 가로와 세로가 각각 1cm인 정사각형 하나를 넓이의 기본단위인 1cm^2 즉, 단위넓이로 두었을 거예요. 그래서 평면도형의 넓이를 구하는 공식을 떠올리며 쉽게 답을 구할 수가 있었겠지요.

그럼, 왜 하필 정사각형 모양을 단위넓이로 정했을까요? 평면도형에는 삼각형, 사각형, 오각형, …… 그리고 원과 같은 수많은 도형이 있는데 말이죠.

우선 테셀레이션과 관련지어 생각해 볼 필요가 있습니다. 테셀레이션은 위에서 말했듯이 빈틈없이 채울 수 있는 경우를 말합니다. 그럼 단위넓이는 반드시 테셀레이션이어야 할까요?

삼각형의 넓이를 구하는 과정에서도 알 수 있듯이, 넓이란 빈틈이 없는 단위넓이가 여러 개 채워지는 경우라고도 할 수 있습니다. 단위넓이가 포개지거나 빈틈이 있는 경우에는 넓이를 구할 수 없기 때문입니다.

그렇기 때문에 단위넓이가 가능한 도형은 다음과 같습니다.

단위넓이가 가능한 도형들

마지막으로 이 도형들 중에서 정삼각형과 정육각형 대신

정사각형을 단위넓이로 정할 경우 과연 어떠한 점이 유리할까요?

단위넓이의 개수를 세거나 나열하기에 훨씬 편리하므로, 정사각형을 단위넓이로 정하는 것이 유리하겠죠.

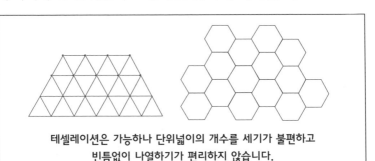

테셀레이션은 가능하나 단위넓이의 개수를 세기가 불편하고 빈틈없이 나열하기가 편리하지 않습니다.

앞에서 살펴보았듯이, 하나의 정다각형 도형으로만 이루어진 테셀레이션을 **정 테셀레이션**regular tessellation이라고 합니다. 모든 꼭지점 주위의 정다각형 배열이 같기 때문에 한 꼭지점 주위의 정다각형 배열만 보고도 정 테셀레이션인지 아닌지를 확인할 수 있습니다.

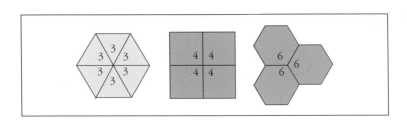

반면에, 한 꼭지점을 중심으로 모양이 서로 다른 정다각형으로 이루어진 테셀레이션을 **반정 테셀레이션**semiregular tessellation이라고 합니다. 반정 테셀레이션의 경우 모든 꼭지점에서 정다각형의 배열이 같아야 합니다.

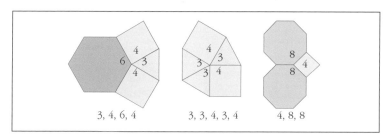

3, 4, 6, 4   3, 3, 4, 3, 4   4, 8, 8

예를 들면 아래 그림에서처럼, 한 꼭지점을 중심으로 가장 작은 정다각형부터 정다각형의 번호를 붙여 보면 왼쪽은 (4, 8, 8)의 반정 테셀레이션, 오른쪽은 (3, 6, 3, 6)의 반정 테셀레이션이 됩니다.

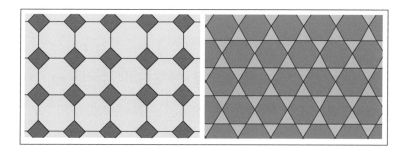

같은 원리로 아래 그림들도 여러 개의 정다각형을 이용하여 빈틈없이 테셀레이션을 이루면서, 모든 꼭지점에서 둘레의 정다각형 배열이 같음을 알 수 있습니다.

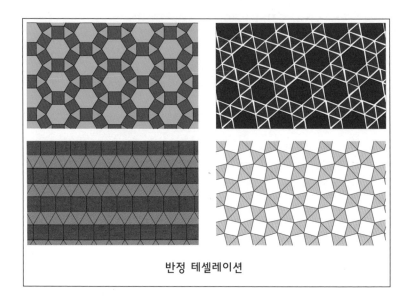

반정 테셀레이션

반면, 여러 개의 정다각형을 이용하여 테셀레이션을 만들되 각 꼭지점에서 정다각형의 배열 순서를 무시하고 테셀레이션을 이루는 경우를 **준반정 테셀레이션**demiregular tessellation이라고 합니다. 다음의 경우를 살펴봅시다.

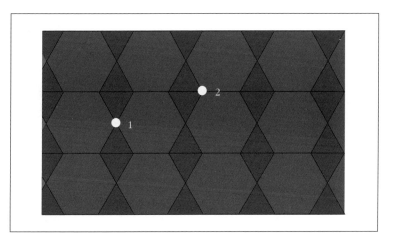

　꼭지점 1에서의 배열은 (3, 6, 3, 6)인 반면 꼭지점 2에서의 배열은 (3, 3, 6, 6)이 됩니다.

　준반정 테셀레이션은 아래의 그림 외에도 다양한 모양을 만들 수 있다는 장점이 있습니다.

　정다각형을 이용한 테셀레이션은, 앞의 경우처럼 한 종류만으로 할 수도 있고 여러 개의 정다각형을 이용하여 빈틈없이 덮을 수도 있습니다. 중요한 것은 한 꼭지점을 중심으로 주변을 어떤 정다각형으로 덮는지, 모든 꼭지점을 둘러싸는 정다각형의 배열 순서가 같은지 여부에 따라 다양하게 구분하여 빈틈없이 공간을 채울 수 있다는 것입니다.

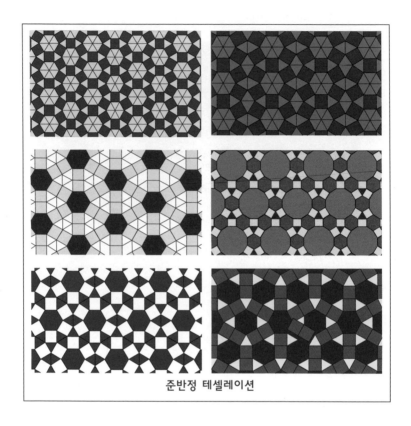

준반정 테셀레이션

　그럼 이번에는 정다각형이 아닌 다각형으로 테셀레이션을 해 봅시다.

　먼저 삼각형의 경우, 한 꼭지점을 중심으로 삼각형을 회전하여 서로 다른 각 3개를 빈틈없이 붙이면 삼각형의 세 각의 합은 $180°$ 가 됩니다. 3개를 계속 연결한 후 $180°$ 모양을 똑같이 회전하면 $180° + 180° = 360°$ 가 되므로 빈틈없이 덮을 수 있습니다.

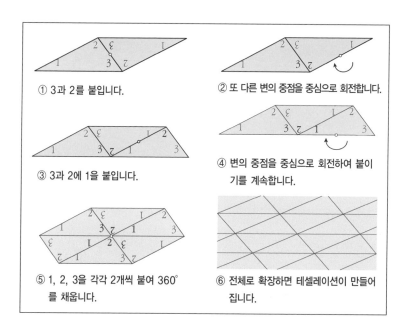

① 3과 2를 붙입니다.

② 또 다른 변의 중점을 중심으로 회전합니다.

③ 3과 2에 1을 붙입니다.

④ 변의 중점을 중심으로 회전하여 붙이기를 계속합니다.

⑤ 1, 2, 3을 각각 2개씩 붙여 360°를 채웁니다.

⑥ 전체로 확장하면 테셀레이션이 만들어집니다.

이번에는 선대칭의 원리를 이용해, 삼각형으로 테셀레이션하는 방법을 알아보겠습니다.

사각형을 이용한 테셀레이션의 경우, 회전이동을 통한 삼각형 테셀레이션과 같이 변의 중점을 중심으로 회전시켜 한 꼭지점 주위를 채우는 사각형의 배열을 만들면 테셀레이

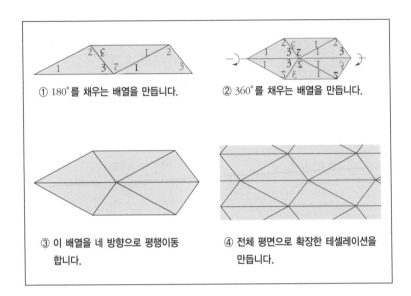

① 180°를 채우는 배열을 만듭니다.

② 360°를 채우는 배열을 만듭니다.

③ 이 배열을 네 방향으로 평행이동
합니다.

④ 전체 평면으로 확장한 테셀레이션을
만듭니다.

션이 가능합니다.

이렇게 정다각형이 아닌 다각형의 경우에도 한 점을 중
심으로 연결하면 삼각형과 사각형, 그리고 육각형 역시 테
셀레이션이 만들어진다는 것을 확인할 수 있습니다.

우리는 지금까지 사람들이 테셀레이션의 원리를 수학적
으로 적용한 경우를 살펴보았습니다. 그런데 사람이 아닌
곤충들도 테셀레이션의 원리를 적용하고 있습니다. 그 대표
적인 경우가 바로 꿀벌인데, 꿀벌들이 새끼를 키우고 식량

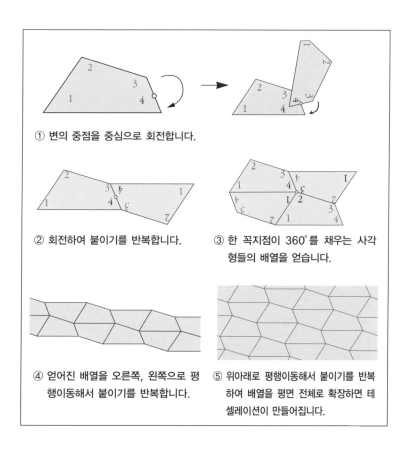

① 변의 중점을 중심으로 회전합니다.

② 회전하여 붙이기를 반복합니다.

③ 한 꼭지점이 360°를 채우는 사각
형들의 배열을 얻습니다.

④ 얻어진 배열을 오른쪽, 왼쪽으로 평
행이동해서 붙이기를 반복합니다.

⑤ 위아래로 평행이동해서 붙이기를 반복
하여 배열을 평면 전체로 확장하면 테
셀레이션이 만들어집니다.

창고로 활용하는 벌집은 왜 정육각형 모양을 하고 있는지
탐구해 봅시다.

가장 적은 재료를 써서 가장 크고 안전한 집을 짓고자 하는
욕구는 인간만이 가진 것이 아닙니다. 꿀벌 역시 자연에서 구한

최소한의 재료로 최대한 안전하고 넓은 집을 지으려고 합니다.

수학적으로 둘레가 일정할 때 넓이가 최대인 도형은 원입니다. 그러나 원은 여러 개를 이어 붙여도 틈새가 생기기 때문에 평면을 덮을 수가 없습니다.

정다각형 중에서도 오직 정삼각형, 정사각형, 정육각형만 테셀레이션이 가능하죠. 그렇지만 정삼각형은 같은 크기의 공간을 만들 때 정육각형에 비해 재료가 많이 들고, 정사각형은 정육각형에 비해 튼튼하지 못합니다.

따라서 최소한의 재료로 최대한 튼튼하고 넓은 공간을 만들려면 정육각형 모양이 가장 적합하다고 할 수 있습니다.

꿀벌이 만드는 육각형의 방은 벽의 두께가 0.1mm 정도

로, 넓이와 그것을 만드는 재료를 놓고 볼 때 가장 합리적

이고 경제적인 구조라고 할 수 있습니다.

예를 들어 길이가 12cm인 끈으로 여러 가지 도형을 만든

다음 넓이를 구해 보면 아래와 같습니다. 이중에서 과연 어

① 직사각형의 넓이=5×1=5cm²

② 정삼각형의 넓이≒6.9282032cm²

③ 정사각형의 넓이=3×3=9cm²

④ 정육각형의 넓이≒10.3923048cm²

⑤ 정팔각형의 넓이≒10.8639610cm²

⑥ 원의 넓이≒11.4591559cm²

떠한 도형이 벌집을 짓기 좋은지 생각해 봅시다.

위의 내용에서처럼 둘레가 같은 여러 가지 도형의 넓이를 통해 도형의 모양이 원에 가까울수록 면적이 커진다는 사실을 알 수 있습니다.

만약 벌이 공동생활을 하지 않고 혼자 산다면 당연히 원모양의 집을 지었겠지만, 공동생활을 하는 벌들은 같은 양의 재료를 사용하여 최대한 안전한 집을 짓기 위해 테셀레이션처럼 빈틈없이 방을 붙여야 했습니다. 또한 주어진 재료를 가지고 각각의 방을 최대 넓이로 만들기 위해 육각형 집을 짓는 것입니다.

만약 원이나 팔각형으로 집을 짓는다면 방의 면적은 넓지만, 다음 그림에서처럼 사이사이에 빈틈이 생겨 안전하지

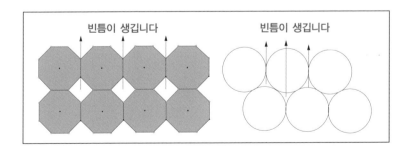

못할 것입니다. 그러나 정육각형으로 지으면 빈틈없이 튼튼하게 지을 수 있어, 가장 효과적으로 공간을 활용할 수 있게 되지요.

만약 여러분이 여러분의 집 벽에 벽돌을 쌓아 올릴 때 빈틈이 생긴다면 과연 그 벽은 안전하다고 할 수 있을까요?

알아둡시다

1. **반정 테셀레이션**semiregular tessellation 한 꼭지점을 중심으로 모양이 서로 다른 정다각형으로 이루어진 테셀레이션입니다.

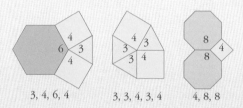

3, 4, 6, 4   3, 3, 4, 3, 4   4, 8, 8

2. **다각형에서 한 꼭지점을 중심으로 회전시킨 테셀레이션 활동**

① 3과 2를 붙입니다.

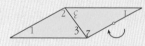

② 또 다른 변의 중점을 중심으로 회전합니다.

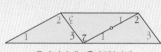

③ 3과 2에 1을 붙입니다.

④ 변의 중점을 중심으로 회전하여 붙이기를 계속합니다.

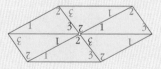

⑤ 1, 2, 3을 각각 2개씩 붙여 360°를 채웁니다.

⑥ 전체로 확장하면 테셀레이션이 만들어집니다.

테셀레이션 활동은

평행이동뿐만 아니라 회전이동,

그리고 대칭이동 같은

다양한 수학적 변환을 통해 나타나기도 합니다.

8^{교시}

테셀레이션으로
다양한 도형
변환하기

8교시 학습 목표

1. 다양한 작품 속에서 반복되는 '기본단위 모양'을 발견할 수 있습니다.

2. 테셀레이션의 원리가 적용된 모양을 이용하여 테셀레이션이 만들어지는 과정을 이해하고 이를 활용할 수 있습니다.

미리 알면 좋아요

1. 다각형뿐만 아니라 다양한 그림이나 모양으로도 테셀레이션을 만들 수 있습니다.

2. 테셀레이션 활동은 평행이동뿐만 아니라 회전이동, 대칭이동 같은 다양한 수학적 변환을 통해 나타나기도 합니다.

1 테셀레이션 작품들을 감상하면서 단위 모양을 찾아봅
시다. 다음 그림과 같이 일정하게 반복되는 무늬를 단
위 모양이라고 합니다. 그림 속에서 단위 모양을 찾아
오른쪽 칸에 그려 봅시다.

▶

단풍잎 모양

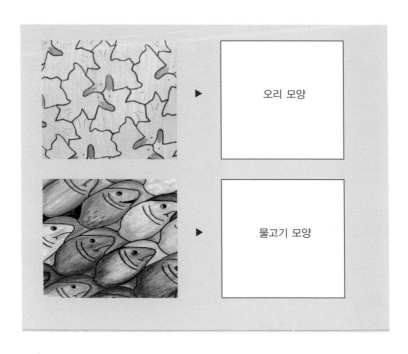

오리 모양

물고기 모양

위의 그림들은 외국 어린이들이 테셀레이션의 성질을 이용하여 만든 작품입니다. 수많은 테셀레이션 작품들 속에는 다각형뿐만 아니라 위의 그림처럼 창의적인 그림이나 무늬들도 다양하게 다루어지고 있습니다. 따라서 작품이 반드시 빈틈없이 나열되어야 한다거나, 완벽하게 같은 모양이 반복되어야 한다는 것에 너무 신경 써서 딱딱한 다각형만으로 테셀레이션을 할 필요는 없습니다.

단풍나무 잎을 소재로 한 작품은 단풍나무를 평행이동하면서 나열하여 작품화한 것이고, 물고기 모양의 테셀레이션은 물고기를 평행이동하여 작품으로 만든 것입니다. 하지만 오리 모양의 작품은 그 단위모양인 오리를 평행이동한 것이 아니라 회전이동했다는 특징을 알 수 있습니다.

아래 그림은 이슬람 문화권 사람들이 사용하는 양탄자입니다. 이 지역 사람들은 반복되는 무늬를 통해 기하학적 표현을 많이 다루었는데, 이 양탄자 역시 반복되는 무늬가 선대칭을 통한 테셀레이션임을 보여 주고 있습니다.

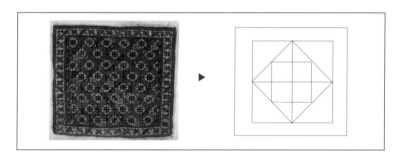

이처럼 테셀레이션 활동은 평행이동뿐만 아니라 회전이동, 그리고 대칭이동 같은 다양한 수학적 변환을 통해 나타나기도 합니다.

삼각형과 사각형 같은 기본 도형을 바탕으로 테셀레이션 하는 과정을 탐구해 보면 다음과 같습니다.

먼저, 삼각형을 이용한 테셀레이션 작품의 예를 순서대로 살펴보겠습니다.

① 삼각형을 빈틈없이 그린 다음, 삼각형을 바탕으로 변형된 무늬들을 그립니다.

② 변형된 무늬들을 반복해서 평행이동시키며 그립니다.

③ 무늬에 색칠을 하여 작품을 완성시킵니다.

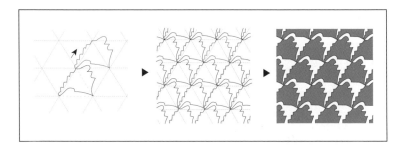

이번에는 사각형을 이용한 테셀레이션 작품의 예를 순서대로 살펴보겠습니다.

① 사각형을 빈틈없이 그린 다음, 사각형을 바탕으로 변형된 무늬들을 그립니다.

② 변형된 무늬들을 반복하여 평행이동시키며 그립니다.

③ 무늬에 색칠을 하여 작품을 완성시킵니다.

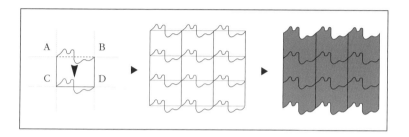

마지막으로, 우리 생활 주변에서 가장 쉽게 발견할 수 있고, 테셀레이션의 원리 또한 잘 드러나 있는 보도블록의 테셀레이션 과정을 살펴봅시다.

① 직사각형을 그립니다.

② 왼쪽의 세로 변을 그림과 같은 모양으로 변환시킨 다음, 오른쪽 변으로 평행이동시켜 똑같이 그립니다.

③ 똑같은 방법으로 윗변에 무늬를 그린 다음, 아랫변으로 똑같이 평행이동시킵니다.

④ 처음에 그린 직사각형을 지우고 완성된 보도블록 무늬에 색칠을 합니다.

⑤ 완성한 보도블록 무늬를 반복해서 빈틈없이 평행이동
시켜 꾸밉니다.

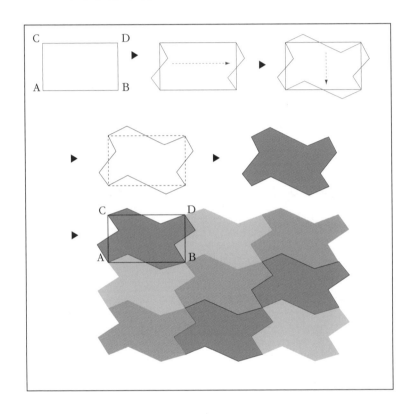

이와 같이 수학적 원리를 통한 테셀레이션은 반복되는
아름다움과 빈틈없는 구조를 통해 실용성과 견고함 등을 균
형 있게 추구하고 있습니다.

어때요? 우리 삶에서 아주 의미 있고 가치 있게 다룰 수 있는 수학적 원리를 발견할 수 있겠지요?

자, 여러분도 이 책을 읽고 나서 화장실에 가거나 길거리를 걸을 때, 벽이나 작품들을 볼 때 테셀레이션의 원리가 숨어 있지는 않은지 다시 한 번 유심히 살펴보시기 바랍니다. 혹시 그 원리를 발견했다면, 여러분이 생각하는 수학의 소중함과 그 가치가 여러분 곁으로 한 발짝 더 가까이 다가올 것입니다.

1. 테셀레이션의 원리가 잘 드러나 있는 보도블럭 모양을 테셀레이션 하는 과정을 살펴보고, 변환 과정에서 어떤 수학적 원리가 다루어 지는지를 발견합니다. 즉, 도형의 회전이동, 대칭, 합동과 같은 다양한 원리들을 탐구합니다.

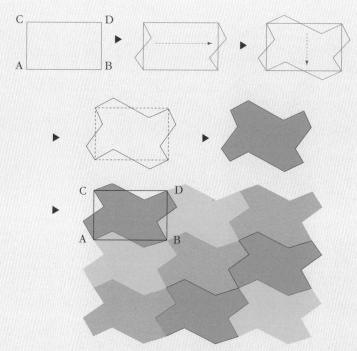

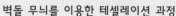
벽돌 무늬를 이용한 테셀레이션 과정

수많은 생명체들이
그들의 삶을 위하여
대칭의 원리를 몸소 실천하고
또 그렇게 진화하고 있습니다.
인간들도 대칭의 원리를 이용해
많은 예술 작품을 탄생시키고 있답니다.

교시

9

도형의 대칭
탐구

9교시 학습 목표

1. 우리가 살아가는 자연계의 생명들이 어떠한 대칭의 원리를 이루고 있는지 알 수 있습니다.
2. 사람들이 만든 문자 같은 창조물 속에도 선대칭과 점대칭의 원리가 숨어 있음을 알 수 있습니다.

미리 알면 좋아요

1. **선대칭도형** 어떤 한 직선으로 접었을 때 완전히 겹쳐지는 도형입니다. 선대칭도형은 대칭축이 도형의 내부에 있는 선대칭도형과 외부에 있는 선대칭의 위치에 있는 도형으로 나누어집니다.

▶ **선대칭도형의 특징**

• 대응변의 길이와 대응각의 크기가 각각 같다.
• 대응점을 이은 선분과 대칭축은 수직이다.
• 대응점을 이은 선분은 대칭축에 의해 두 부분으로 나누어지고, 나누어진 두 선분의 길이는 같다.

2. **점대칭도형** 한 점을 중심으로 180° 돌렸을 때 처음 도형과 완전히 겹쳐지는 도형이며, 그 점을 대칭의 중심이라 합니다. 특히, 대칭의 중심이 도형의 외부에 있는 점대칭도형을 '점대칭의 위치에 있는 도형'이라 합니다.

▶ **점대칭도형의 특징**

• 대응변의 길이와 대응각의 크기가 각각 같다.
• 대응점을 이은 선분은 대칭의 중심에 의하여 두 부분으로 나누어지고, 나누어진 두 선분의 길이는 같다.

1 다음 생명체들이 어떠한 대칭의 원리를 이루며 살아가
   는지 살펴봅시다.

위의 그림은 모두 자연 속에서 살아가는 생명체들입니다. 이들은 모두 좌우가 대칭을 이룬다는 공통점을 가지고 있습니다. 나비와 박쥐는 하늘을 날기 위한 날개를 가지고 있습니다. 이들의 좌우 날개가 대칭을 이루지 않는다면 날아다닐 때 중심을 잡기가 어렵겠죠? 이 원리는 물고기에게도 적용됩니다. 앞에서 바라보았을 때 좌우가 균형을 이루

지 않는다면 아마 똑바로 헤엄치기가 힘들 것입니다. 이 원리는 동물과 사람의 얼굴이나 신체에도 적용된답니다.

자, 그럼 대칭을 이루는 이유를 추측할 수 있나요?

대칭은 모든 생명체가 살아가는 데 가장 편리한 신체 조건이기 때문입니다. 대칭을 이루면 신체가 균형을 가지고 안정감을 유지할 수 있습니다.

이번에는 사람들이 만든 작품 속에서 대칭의 원리가 어떻게 나타나는지 알아봅시다.

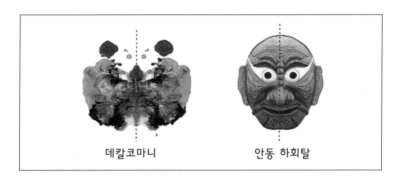

데칼코마니   안동 하회탈

위의 왼쪽 그림은 **데칼코마니**라는 미술 기법입니다. 데칼코마니는 종이 위에 그림물감을 두껍게 칠하고 반으로 접거나 다른 종이로 찍어 대칭 무늬를 만드는 회화 기법입니다.

그리고 오른쪽 사진은 우리나라 전통 목공예품인 안동 하회 탈입니다. 두 작품 모두 중심축을 따라 좌우가 대칭을 이루 는 선대칭의 원리가 적용된 작품입니다.

이번에는 각 나라의 국기를 살펴볼까요? 한 국가의 상징 인 국기에는 어떠한 대칭의 원리가 숨어 있는지 살펴봅시다.

이스라엘   캐나다   대한민국

위의 국기 중에서 이스라엘 국기와 캐나다 국기는 선대 칭의 특징을 보여 주고 있습니다. 이스라엘 국기에는 가로,

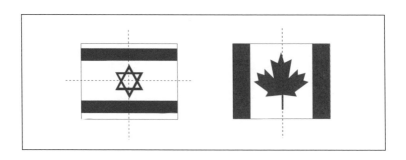

세로로 각각 1개씩 총 2개의 대칭축이 나타나 선대칭도형의 원리가 적용되고 있습니다. 반면 캐나다 국기의 대칭축은 세로로, 가운데에 있는 하나의 대칭축이 선대칭의 원리를 보여 주고 있습니다.

이번에는 대한민국 국기를 살펴볼까요? 태극기는 좌우 대칭을 완벽하게 이루는 선대칭인가요? 먼저 태극 무늬를 살펴봅시다. 태극 무늬는 한 축을 중심으로 좌우가 모양이 같은 선대칭을 이루고 있나요? 태극 무늬를 둘러싸고 있는 4괘의 모양은 어떠한가요? 조금씩 다르다는 것을 발견했나요? 즉, 태극기에는 선대칭의 원리가 적용되지 않았음을 알 수 있습니다.

태극 무늬에서 가운데 한 점을 중심으로 180° 돌려 보면 모양이 같아지는 것을 발견할 수 있습니다. 즉, 태극 무늬에

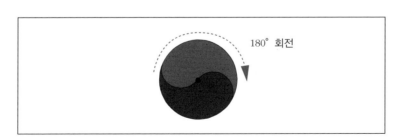

180° 회전

는 점대칭도형의 원리가 숨어 있다는 말이지요.

이번에는 여러분이 수학 시간에 배웠던 기본 도형 가운데 하나인 평행사변형을 살펴봅시다. 평행사변형은 어떠한 대칭을 이루고 있나요?

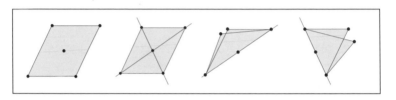

평행사변형은 대각선을 축으로 접으면 겹쳐지는 것처럼 보이지만 그림에서 볼 수 있듯이 미세하게 어긋납니다. 따라서 평행사변형은 선대칭도형이 될 수 없습니다.

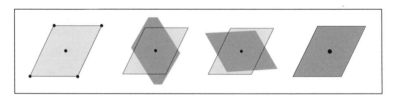

하지만 평행사변형을 중앙에 있는 점을 기준으로 $180°$ 회전시키면 그림에서와 같이 순서대로 $60°$, $120°$, $180°$ 회전시킨 모습 원래의 도형과 완벽하게 겹쳐집니다. 따라서 평행사변형은 점대칭도형입니다.

자, 이번에는 인간이 만든 가장 위대한 창조물 가운데 하나인 문자를 살펴봅시다. 다음 문자 중에서 선대칭과 점대칭의 원리가 숨어 있는 문자는 무엇인지 찾아보고, 대칭의 원리를 다시 한 번 새겨 봅시다.

우선, 인도－아라비아 숫자 가운데 선대칭의 원리가 숨어 있는 숫자들을 살펴봅시다.

$$2\ 3\ 4\ 5\ 6\ 8$$

숫자 3은 대칭축이 가로로, 숫자 8은 대칭축이 가로와 세로로 나타난다는 사실을 발견했나요? 이렇게 3과 8에는 선대칭도형의 원리가 숨어 있습니다. 그리고 인도－아라비아 숫자뿐만 아니라 한글 자음과 알파벳 역시 선대칭을 이루고

ㄷ ㅁ ㅂ ㅅ ㅇ ㅈ ㅍ
A H I O T W X

있는 것 중 하나입니다.

   이번에는 아래 글자들이 각각 어떠한 형태로 대칭을 이루고 있는지 살펴봅시다.

ㄹㅁㅇ
HINOSXZ

   위의 글자들은 모두 180° 회전시켰을 때 처음과 같은 모양이 되는 점대칭 원리의 글자들입니다. 회전의 중심이 되는 축은 각 문자의 가장 중앙에 위치하고 있음을 알 수 있습니다.

   이렇듯 모든 생명체들이 더불어 살아가는 이 자연 속에서는 수많은 생명체들이 그들의 삶을 위하여 대칭의 원리를 몸소 실천하고, 또 그렇게 진화하고 있습니다. 더불어 우리 인간들도 대칭의 원리가 지향하는 간결함과 균형감, 그리고 아름다움을 통해 많은 예술 작품을 탄생시키고 있답니다.

알아둡시다

1. 선대칭의 원리가 들어 있는 생활 주변의 요소

상하 혹은 좌우 대칭을 이루면서 균형감과 단순함, 기하학적 아름다움을 가지고 있습니다.

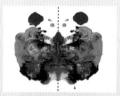

2. 점대칭의 원리가 들어 있는 생활 주변의 요소

태극 무늬는 좌우 대칭이 아닌 한 점을 중심으로 180° 돌렸을 때, 모양이 같은 점대칭도형의 원리가 숨어 있음을 알 수 있습니다. 뿐만 아니라 인간이 사용하는 문자 속에도 점대칭의 원리가 숨어 있는 경우가 많습니다.

180° 회전

기하판 위에서 다각형을

그릴 때에는

다각형의 내부에는 점이 없어야 하며

다각형의 꼭지점은

반드시 기하판의 점과 일치해야 합니다.

기하판을
활용한 다각형의
둘레와 넓이 탐구

10교시 학습 목표

1. 직사각형 둘레의 길이가 같을 때, 넓이가 가장 넓은 경우와 좁은 경우의 가로, 세로 길이는 어떠한지 알 수 있습니다.

2. 기하판Geoboard에서 내부에 점이 없는 다각형의 둘레 위 점의 개수와 넓이의 관계를 알 수 있습니다.

미리 알면 좋아요

1. 기하판 활동에서 규칙 찾기 내부에 점이 없는 다각형의 둘레 위 점의 개수와 넓이와의 관계를 식으로 나타내기 위해서는 다양한 예를 직접 만들어 보면서 규칙을 발견할 수 있어야 합니다.

2. Pick의 공식 다각형의 내부에 점이 존재할 때, 둘레와 넓이의 관계를 탐구하고 그 규칙을 통해 공식을 발견해 가는 과정이며, 그 과정 속에서 탐구하는 기쁨을 누리는 것이 중요합니다.

1 다음 기하판에서 둘레의 길이의 합이 12cm인 직사각
형을 모두 그리고, 어떤 경우에 넓이가 가장 큰지 알아
봅시다.

1㎠

5㎠

8㎠

9㎠

위의 그림에서 둘레의 길이의 합이 12cm가 되는 경우는 가로와 세로가 1cm와 5cm인 경우, 2cm와 4cm인 경우, 그리고 3cm와 4cm인 경우입니다. 뒤집거나 돌렸을 때 모양이 같은 경우는 하나로 취급하므로 모두 3가지 경우가 되는 것이지요. 그중에서 넓이가 가장 큰 경우는 가로와 세로의 길이가 같을 때이며, 가로와 세로 길이의 차가 가장 큰

경우에는 넓이가 가장 작습니다.

이를 응용하여, 이번에는 다각형의 둘레에 나타나는 점의 개수와 넓이의 관계를 알아봅시다.

아래의 그림은 내부에는 점이 없고, 다각형의 둘레 위에 점이 3개, 4개, 5개, 6개, 7개, … 인 다각형을 그린 것입니다.

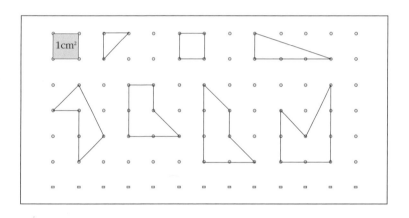

각 도형의 넓이를 구해 보면 아래와 같습니다.

둘레 위의 점의 개수(개)	3	4	5	6	7	8	9
넓이(cm²)	0.5	1	1.5	2	2.5	3	3.5

위의 경우에서 내부에 점이 없는 다각형의 경우, 둘레에 있는 점의 개수가 하나씩 늘어감에 따라 넓이는 0.5cm²씩

커진다는 것을 알 수 있습니다.

즉, 내부에 점이 없는 다각형 둘레 위의 점의 개수와 넓이와의 관계를 식으로 나타내면 아래와 같은 규칙이 성립합니다.

넓이=둘레 위의 점의 개수÷2-1

여기서 주의해야 할 점은 기하판 위에서 다각형을 그릴 때에는 주어진 조건을 충분히 만족해야 한다는 것입니다. 즉, 다각형의 내부에는 점이 없어야 하며 다각형의 꼭지점은 반드시 기하판의 점과 일치해야 한다는 것을 잊어서는 안 됩니다.

자, 이번에는 기하판에서 다각형의 내부에 점이 존재할 때, 둘레와 넓이의 관계를 탐구하는 픽Pick의 공식을 배워 봅시다.

① 다각형의 내부에 점이 1개 있고, 둘레에 점이 3개, 4개, 5개, 6개인 다각형을 그린 뒤, 점의 개수와 넓이에 어떤 관계가 있는지 알아봅시다.

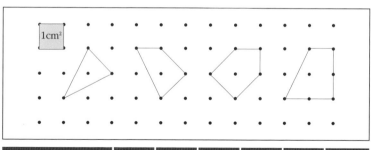

둘레 위의 점의 개수(개)	3	4	5	6	7	...
넓이(cm²)	1.5	2	2.5	3	3.5	...

② 내부에 점이 2개 있고, 다각형의 둘레에 점이 3개, 4

개, 5개, 6개 있는 다각형을 그린 뒤, 점의 개수와 넓

이에 어떤 관계가 있는지 알아봅시다.

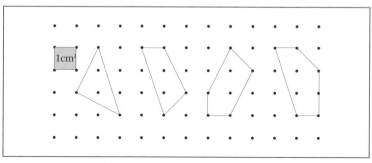

둘레 위의 점의 개수(개)	3	4	5	6	7	...
넓이(cm²)	2.5	3	3.5	4	4.5	...

③ 위 두 개의 표를 바탕으로 다각형의 내부에 점이 존재

할 때, 둘레와 넓이에 관한 공식을 찾아봅시다.

① 내부의 점이 1개인 경우

둘레 위의 점의 개수(개)	3	4	5	6	7	...
넓이(cm²)	1.5	2	2.5	3	3.5	...

② 내부의 점이 2개인 경우

둘레 위의 점의 개수(개)	3	4	5	6	7	...
넓이(cm²)	2.5	3	3.5	4	4.5	...

둘레 위의 점의 개수가 증가할수록 넓이는 어떻게 증가하나요?

내부의 점이 1개일 경우, 넓이는 둘레 위의 점의 개수÷2를 하면 됩니다. 그렇다면 내부의 점이 2개일 경우에도 이 공식을 적용할 수 있나요? 그렇지 않습니다. 왠지 다른 공식이 작용하는 것 같은데요. 일단 넓이가 0.5cm²씩 증가한다는 것은 공통된 사실입니다.

그럼 내부의 점이 3개인 경우를 알아봅시다. 굳이 다 그려 볼 필요는 없겠죠? 둘레 위의 점이 3개인 경우만 살펴보면 다른 개수의 넓이도 추측할 수 있습니다.

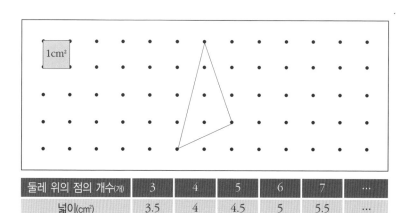

둘레 위의 점의 개수(개)	3	4	5	6	7	...
넓이(cm²)	3.5	4	4.5	5	5.5	...

위의 세 가지 표를 모두 관련지어 넓이와 둘레의 관계를 살펴보면 다음과 같은 공통된 식이 탄생합니다.

> 넓이=(둘레의 점의 개수÷2)+(내부에 있는 점의 개수-1)

위의 식이 바로 기하판에서 도형의 넓이를 쉽게 구할 수 있는 **픽Pick의 정리**입니다.

이제 여러분은 기하판에서 도형의 넓이를 구하거나 넓이를 계산하기 위해 다각형을 삼각형이나 사각형으로 쪼갤 필요가 없겠죠?

이 공식은 비록 픽이라는 수학자가 발견한 사실이지만,

여러분도 이 원리를 탐구하여 이와 같은 공식을 유도해 냈다면, 여러분 역시 픽 못지않게 대단하고 소중한 발견을 했다고 말할 수 있을 것입니다.

1. 점판에서 내부에 점이 없으며 다각형의 둘레 위에 점이 3개, 4개, 5개, 6개, 7개, … 인 경우를 통해 다각형의 넓이 규칙 발견

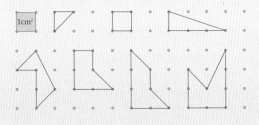

각각의 도형의 넓이는 다음과 같습니다.

둘레 위의 점의 개수(개)	3	4	5	6	7	8	9
넓이(cm²)	0.5	1	1.5	2	2.5	3	3.5

위의 경우에서 알 수 있듯이 내부에 점이 없는 다각형의 경우, 둘레 위의 점의 개수가 하나씩 늘어감에 따라 넓이는 0.5cm²씩 커짐을 알 수 있습니다. 즉 내부에 점이 없는 다각형의 둘레 위 점의 개수와 넓이의 관계를 식으로 나타내면 아래와 같습니다.

넓이 = 둘레 위의 점의 개수÷2−1